신비의 섬 작은 멋쟁이 크레스티드 게코

KB073616

Crested Geckos

신비의 섬 작은 멋쟁이 크레스티드 게코

2019년 12월 10일 초판 1쇄 펴냄
2024년 10월 30일 초판 6쇄 펴냄
제작기획 | 씨밀레북스
책임편집 | 김애경
지은이 | 필립 드 보졸리
옮긴이 | 박지웅·이수현
펴낸이 | 김훈
펴낸곳 | 씨밀레북스
출판등록일 | 2008년 10월 16일
등록번호 | 제311-2008-000036호
주소 | 서울시 충정로 53 골든타워빌딩 1318호
전화 | 02-3147-2220/2221 **팩스** | 02-2178-9407
이메일 | cimilebooks@naver.com
웹사이트 | www.similebooks.com

ISBN | 978-89-97242-13-9 13490

마니아를 위한 PET CARE 시리즈

17

신비의 **섬** 작은 **멋쟁이**

크레스티드 게코

Crested Gecko

필립 드 보졸리 지음 | **박지웅·이수현** 옮김 | **차문석** 감수

씨밀레북스

▌contents

Chapter 01

크레스티드 게코의
생물학적 특성

크레스티드 게코의 기원 및 신체적인 특성과
기본적인 생태에 대해 알아보고, 크레스티드
게코 특유의 행동과 습성에 대해 살펴본다.

크레스티드 게코의 정의와 기원, 유래

크레스티드 게코(Crested gecko, *Correlophus ciliatus*)는 특유의 다채로운 색상과 패턴, 비교적 낮은 사육난이도, 순한 성격 등의 장점을 두루 가지고 있어 현재 파충류 애호가들로부터 폭발적인 인기를 얻고 있는 게코 종이다. 눈 위쪽에 솟아오른 돌기가 마치 속눈썹 같다고 해서 속눈썹도마뱀부치'라는 뜻의 아이래시 게코(Eyelash gecko)로도 불리며, 레오파드 게코(Leopard gecko, *Eublepharis macularius*)와 더불어 초보사육자들에게 파충류 입문종으로 추천되는 아름다운 반려도마뱀이다.

이번 섹션에서는 크레스티드 게코가 어떤 동물인지 이해하는 데 도움이 되는 기본적인 사항들에 대해 살펴보도록 한다(크레스티드 게코는 크레스티라는 약칭으로도 불리며, 우리나라의 경우 파충류 애호가들 사이에서 크레라는 애칭을 더 많이 사용하는 편이다. 본서에서는 크레스티드 게코와 크레스티, 크레 등의 표현을 적절하게 혼용하도록 한다 - 편집자 주).

---

1 2015년 현재 '환경부 지정 파충류 국명'에서 도마뱀부치(이전 도마뱀붙이)로 변경됨에 따라 본서에서는 이를 기준으로 표기한다.

크레스티드 게코는 반려도마뱀으로서의 장점을 두루 가지고 있어 초보사육자에게 적극 추천되는 입문종이다.

크레스티드 게코의 정의

크레스티드 게코(*Correlophus ciliatus*)는 파충강(Reptilia) 뱀목(Squamata) 도마뱀부치하목(Gekkota) 돌도마뱀부치과(Diplodactylidae) 코렐로푸스속(*Correlophus*, 볏도마뱀부치속) 킬리아투스종(*ciliatus*, 볏도마뱀부치)에 속하는 소형 도마뱀이다(크레스티드 게코는 돌도마뱀부치과에 속하는 게코들 중 중간 크기의 게코 종이다). 학명[2]의 킬리아투스(*ciliatus*)는 '속눈썹 또는 털이 많은'이라는 뜻의 라틴어 '킬리아(cilia)'에서 따온 것으로, 속눈썹을 닮은 눈 위 피부의 돌기를 가리킨다. 이 돌기가 양눈의 위쪽으로 쭈욱 늘어서서 '속눈썹'을 형성하고 머리, 목, 등을 따라 아래로 길게 이어져 있는 것이 특징이다.

크레스티드 게코는 원래 '기케노 자이언트 게코(Guichenot's giant gecko)'라는 이름으로 알려져 한때 파충류 애호가들 사이에 그 이름이 널리 사용됐다. 아이래시 게코(Eyelash gecko), 크레스티드 자이언트 게코(Crested giant gecko), 뉴칼레도니아 크레스티드 게코(New Caledonian crested gecko)를 포함해 많은 이름들이 등장했지만, 크레스티드 게코가 파충류 사육계에서 가장 많이 받아들여지는 이름이 됐다.

2　본서에 나오는 모든 학명의 한글표기는 학술용으로 공인된 '고전라티어 발음법'을 원칙으로 기재됐으며, 세부적인 표기는 국립국어원의 라틴어 한글표기법에 따른다. 동식물의 학명을 영어식으로 발음하고 표기하는 경우가 상당히 많은데, 학명의 올바른 한글표기 및 발음에 대해 잘 익히고 사용하는 습관을 들이도록 하자.

크레스티드 게코의 유래

1990년대 초까지, 간혹 생태박물관에서나 볼 수 있었던 희귀종인 크레스티드 게코가 세상에서 가장 인기 많고 쉽게 구할 수 있는 반려도마뱀이 될 거라고는 아무도 예상하지 못했을 것이다. 이 수수께끼의 도마뱀(크레스티드 게코는 1866년에 처음 발견됐다)을 찾기 위해 뉴칼레도니아(New Caledonia)에서 이뤄졌던 몇 차례의 탐사가 실패로 끝나면서 크레스티가 멸종했을지도 모른다는 소문이 돌았으나, 1994년 열대폭풍이 몰아친 이후 파인즈섬(Isle of Pines; 뉴칼레도니아의 주요 섬으로 그랑드테르-Grande Terre-남쪽에 위치한 작은 섬)에서 살아 있는 개체가 발견됨에 따라 상황이 바뀌었다.

얼마 지나지 않아 독일의 빌헬름 헨켈(Wilhelm Henkel)과 로버트 시프(Robert Seipp)가 이끄는 탐사대는 파인즈섬에서 추가로 개체를 발견했고, 필자와 프랭크 패스트(Frank Fast)도 이 종을 발견해 합법적으로 미국으로 데려오는 데 성공했다. 놀랍게도, 우리가 발견한 개체들은 즉시 사육환경에서 번식했으며, 새끼를 얻어 애호가들에게 나눠줄 수 있었다. 일부 개체가 밀수돼 크레스티드 게코의 '재발견'을 금전적으로 이용하려는 비양심적인 수집가의 손에 들어갔다는 소문이 돌기도 했다. 현재 사육되는 크레스티드 게코의 대부분은 파인즈섬 출신인데, 간혹 파인즈섬 옆의 쿠토모섬(Kutomo), 그랑드테르 남쪽의 일부 지역, 그랑드테르 북쪽에 있는 벨렙군도(Isle of Belep)에서도 발견된다.

처음 구할 수 있던 크레스티드 게코는 분양가가 매우 높았는데, 새로운 종류의 도마뱀인 크레스티의 발전가능성을 인식하고 파충류 사육계에 전파를 시도한 애호가들은 크레스티가 돌보기 쉽고 번식력이 매우 높다는 것을 확인했다.

크레스티는 한때 멸종된 것으로 추정됐으나 재발견 이후 사육하에서 번식이 활발해지면서 개체 수가 급증하게 됐다.

크레스티드 게코는 현재 가장 인기 있는 게코 종이다.

이러한 특성은 이 외래종의 외양 및 다양한 색채를 결합한 모프의 개량을 가능케 함으로써 크레스티를 끊임없이 성장하는 파충류산업에 빠르게 편승시켰다. 점점 더 많은 개체가 생산되면서 분양가가 떨어지기 시작했고, 무한한 색상과 패턴의 조합을 이룬 모프가 나타나기 시작했다.

선택적 번식을 통해 개체가 지닌 특징들 중 일부를 강조하기 시작했으며, 그 결과 크레스티드 게코를 훨씬 더 인기 있는 반려도마뱀으로 만드는 데 일조했다. 곧 상업적으로 브리딩을 하는 전문브리더들과 애호가들은 매년 수많은 크레스티드 게코를 생산하게 됐다. 어쨌든 1994년에서 1996년 사이에 포획된, 비교적 얼마 되지 않던 크레스티드 게코를 통해 사육하에서의 개체 수는 기하급수적으로 증가돼 왔다. 현재 미국의 경우 점점 늘어나는 수요를 맞추기 위해 매년 수천 마리의 크레스티드 게코를 생산하고 있다.

크레스티드 게코의 학문적 분류

1758년 칼 린네(Carl Linnaeus)를 필두로 시작돼 오늘날까지 이어지고 있는 분류학(생물을 자연적 유연관계를 바탕으로 분류하는 학문)은 진화적 관계를 확인하기 위해 모든 생물을 유사한 특징으로 구성하려는 생물학의 한 분야다. 과학계에서 기술되는 모든 동물에게는 학명이 주어지며, 학명은 속(genus)과 종(species)을 포함하는 이명법(二名法)을 사용하고 일반적으로 라틴어로 기술한다. 학명을 표기할 때는 이탤릭체를 사용하며, 속명의 첫 글자는 항상 대문자, 종은 소문자로 표기한다. 과학계 밖에서는 학명보다 일반명(영어명)이 더 자주 사용되는데, 일반명은 다양한 지역명으로 표기되므로 전 세계의 애호가들 사이에서 혼란을 일으키게 되기 때문에 과학적으로 사용되지는 않는다. 일반명은 물론 학명에 비해 기억하기가 더 쉬우며, 학명과 마찬가지로 종종 현지 언어로 기술된다. 크레스티드 게코는 1866년 프랑스의 동물학자 알폰스 기슈노(Alphone Guichenot)가 〈Memoires de La famille de Gekotiens du Museum de Paris(게코 계열의 새로운 도마뱀 종에 대한 기록)〉이라는 제목의 기사에서 처음으로 코렐로

크레스티드 게코의 분류

- 강(綱, class) : 파충강(Reptilia)
- 목(目, order) : 뱀목, 유린목(Squamata)
- 아목(亞目, suborder) : 도마뱀아목(Sauria)
- 하목(infraorder) : 도마뱀부치하목(Gekkota)
- 과(科, family) : 돌도마뱀부치과(Diplodactylidae)
- 속(屬, genus) : 볏도마뱀부치속(Correlophus)
- 종(種, species) : 볏도마뱀부치(Ciliatus)

*볏도마뱀부치속(Correlophus)은 뉴칼레도니아(New Caledonia)에서만 서식하는 볏도마뱀부치과(Diplodactylidae) 도마뱀이며, 이 속에는 코렐로푸스 벨레펜시스(Correlophus belepensis)(Bauer et al., 2012)와 최근 라코닥틸루스에서 다시 옮겨진 코렐로푸스 킬리아투스(Correlophus ciliatus, Crested gecko)(Guichenot, 1866) 및 코렐로푸스 사라시노룸(Correlophus sarasinorum, Sarasin's giant Gecko)(Roux, 1913) 등 3종이 포함돼 있다.

푸스 킬리아투스(Correlophus ciliatus)로 묘사했다. 이후 1883년 조지 알버트 불랑거(George Albert Boulenger)에 의해 라코닥틸루스 킬리아투스(Racodactylus ciliatus)로 옮겨졌다. 라코닥틸루스는 '굴대(axle) 또는 척추발가락(spinal toes)'으로 이상하게 번역됐는데, 이는 발가락의 형태와 관련이 있을 가능성이 크다. 실제 크레스티의 발가락은 가늘고, 밑면의 접착식 발가락패드에서 날카롭게 솟은 융기가 보인다.

최근의 계통학적 분석에 따르면, 라코닥틸루스에 속한 6종 중에서 라코닥틸루스 킬리아투스(R. ciliatus, Crested gecko)와 라코닥틸루스 사라시노룸(R. sarasinorum, Sarasin's giant Gecko) 두 종의 경우, 라코닥틸루스속(때때로 자이언트 게코-giant gecko로 불리기도 한다)의 다른 종들과 유전적으로 밀접하게 연관된 부분이 없다는 이유로 다시 코렐로푸스속(Correlophus)으로 옮겨졌다(2012년).

크레스티드 게코의 사육현황과 전망

크레스티드 게코의 가장 흥미로운 특징은 색상이 다채로우며 선천적으로 다양한 색과 패턴을 가지고 있다는 점이다. 이러한 장점은 짧은 세대시간(generation time)과 맞물리면서 애호가들로 하여금 현재 파충류 중에서 가장 아름답다고 여겨지는 밝은 빨간색, 주황색, 노란색 모프를 선택적으로 번식할 수 있게 만들었다.

현재까지 진행된 모프 개량의 결과는 빙산의 일각에 불과하며, 개체 하나하나가 '살아 있는 예술작품'이 될 수 있는 잠재력을 지니고 있다 해도 과언이 아니다. 파충

사육하의 크레의 정착은 파충류 사육계의 위대한 업적 중 하나로 평가된다. Zaahir Moolla/CC BY

류 사육계에서 크레스티드 게코가 큰 인기를 얻으면서 정착에 성공했으며, 사육하의 크레스티드 게코의 정착은 파충류 사육계의 위대한 업적 중 하나로 평가된다.

크레스티드 게코의 미래는 재발견된 이후로 조금 바뀌었다. 원서식지, 특히 파인섬에서 크레스티드 게코는 외래종인 불개미(Fire ant; 쏘이면 엄청난 통증을 유발하는 종으로 무리를 지어 이동하며 크레스티를 죽일 수 있다)의 유입이나 원시림 파괴와 같은 인간의 활동으로 인한 직·간접적인 위협에 직면해 있다.

물론 언젠가 일부 종은 멸종위기를 맞게 될 것이다. 그러나 다행스러운 것은, 사육하에서 크레스티드 게코를 정착시킴으로써 인간 환경에 잘 적응해 살아가는 많은 자생적 개체를 만들어 냈다는 점이다. 이는 파충류 애호가들의 헌신적인 브리딩 작업과 이들이 만들어 낸 아름다운 모프가 대중에게 호평을 받았기 때문에 가능한 일이었

다. 미래에는 더 다양한 모프의 크레스티드 게코가 탄생할 것으로 기대되며, 그로 인해 개체 수는 훨씬 더 많이 늘어나고 애호가들 사이에서 인기도 더욱 높아질 것이다.

크레스티드 게코의 개체 수가 증가해 쉽게 이용할 수 있게 된 덕분에 새로운 비바리움 시스템 디자인에 대한 다양한 실험을 할 수 있었고, 이는 생물학과 생태학을 가르치는 중요한 교육도구로서 매우 활용가치가 높은 것이다. 잘 꾸민 비바리움은 빛, 온도, 습도와 같은 기후적 요인과 식물, 미생물을 품은 바닥재, 다양한 동물과 같은 생물적 요인을 포함해 생태계의 많은 중요한 요소들을 시뮬레이션할 수 있도록 한다.

크레를 핑크텅 스킨크(Pink-tongued skink, *Cyclodomorphus gerrardii*) 같은 다른 종과 함께 성공적으로 사육해 보는 경험을 통해, 사육자는 사육에 적합한 환경이 갖춰야 하는 요소를 공부하고 이해할 수 있다. 또한,

애호가들이 크레스티드 게코의 안녕과 복지를 위해 노력하는 한 그들의 미래는 밝을 것이다.

사육하는 동물의 행동과 생물학적 측면, 즉 성장률, 사료전환효율, 번식과정 등을 관찰할 수 있다. 또한, 크레스티드 게코의 다양한 표현형 변이를 참고자료로 활용하면 유전학에 대한 교수와 학습을 풍요롭게 만들 수 있다. 교실에서 여러 세대의 크레스티드 게코를 기르며 디지털 카메라로 기록을 남긴다면, 이 매력적인 다색종에 대한 기본 유전학을 이해하는 데 유용한 데이터를 확보할 수 있을 것이다. 우리 모두가 사육환경의 질을 높이고 생명의 존엄성을 훼손하지 않으려고 노력하는 한, 인간과 함께하는 크레스티드 게코의 앞날은 매우 유망하다고 생각한다.

02
section

크레스티드 게코의
신체구조와 특성

사육하의 동물을 적절하게 보살피기 위해서는 우선 해당 종 및 해당 종의 자연상태에서 갖는 위치에 대한 학습과 이해가 필요하다. 여기에는 해부학과 생태학, 지리학, 번식 및 생리학 등 여러 가지 다양한 주제가 포함된다. 여러분이 기르고자 하는 크레스티드 게코가 어떤 동물인지, 어떻게 살아가는지, 어떠한 활동을 하는지에 대해 배워야만 크레스티 사육의 일차적인 목표를 이룰 수 있다. 이번 섹션에서는 크레스티드 게코의 신체구조와 특성에 대해 간략하게 알아보도록 한다.

크레스티드 게코(*Correlophus ciliatus*)는 비교적 평범한 게코의 체형을 지니고 있지만, 변화무쌍한 색상과 패턴 등 다른 종과 쉽게 구분되는 몇 가지 특징을 가지고 있다. 크레스티드 게코와 외형적으로 가장 닮은 종은 친척인 사라신 자이언트 게코(Sarasin's giant gecko, *Correlophus sarasinorurn*)를 들 수 있는데, 사라신 자이언트 게코는 사육하에서 비교적 보기 드문 종이며, 크레스티드 게코라는 이름이 붙여진 '크레스트(crest; 돌기 또는 볏)'가 없다는 점에서 크레스티드 게코와 쉽게 구별된다.

1. 크레스티의 경우 주둥이에서 항문까지의 길이 (snout to vent length, SVL), 즉 꼬리를 제외한 몸길이는 10~12cm, 꼬리를 포함한 전체 몸길이는 23cm까지 자랄 수 있다. 성체의 체중은 보통 35~60g에 달한다. **2.** 크레스티의 가장 뚜렷한 특징은 눈을 따라 시작해서 머리와 목 뒤쪽으로 이어져 등의 중간 정도까지 나타나는 측면의 돌기 (crests)다. **3.** 돌기는 개체에 따라 크기 및 등 아래쪽으로 뻗어나가는 정도가 조금씩 다르다. 사진의 개체는 보통 크기의 돌기를 지녔다.

머리

크레스티드 게코의 머리는 비교적 크고 삼각형 모양이며, 목은 확실하게 구분되지 않는다. 눈 위쪽에서 머리가 크게 벌어져 넓은 삼각형 모양이 만들어지며, 촘촘한 비늘로 인해 더욱 강조된다. 가시처럼 솟은 돌기가 눈위 또는 앞쪽에서 시작해 머리 꼭대기의 각 측면을 따라 능선을 이루며 뻗어 있다.

이 능선은 목 아래쪽으로 계속 내려가다가, 어깨 부위를 중심으로 서서히 사라진다. 이 영역에서 두 번째 줄무늬가 시작돼 등을 따라 이동한다. 머리의 폭과 단단한 정도는 개체마다 조금씩 차이가 있는 것으로 보이는데, 다른 종류의 도마뱀에 있어서처럼 성별 구분의 지표로 사용되지는 않는다.

돌기(crest), 볏

크레스티드 게코가 파충류 애호가들에게 인기를 얻는 데는 독특한 외모가 한몫을 한다. 가장 눈에 띄는 특징은 크레스티드 게코라는 이름이 붙여지게 된 좌우 한 쌍의 돌기다. 이돌기는 피부가 굴곡된 것으로서 가시처럼 뾰족한 비늘이 도드라진 형태를 띠는데, 눈 위에서 시작해 머리와 목 뒤 아래까지 뻗어 있다. 돌기는 보통 등 윗부분에서 사라지지만, 일부는 꼬리 밑부분까지 이어진다.

눈 위쪽으로 뾰족하게 솟은 돌기가 마치 속눈썹처럼 보이게 하는데, 이와 같은 이유로 속눈썹게코(Eyelash gecko)라는 이름으로도 불린다. 눈 위의 돌기는 위쪽을 향하는 경우도 있고, 바깥쪽을 향하는 경우도 있다. 돌기는 비례적으로 크고 넓은 머리와 함께 잠재적인 포식자들로 하여금 크레스티드 게코를 굉장히 맛없는 먹이로 인식하게끔 하는 기능을 담당한다.

눈

크레스티드 게코는 매우 큰 눈을 가지고 있으며, 머리의 측면으로 돌출돼 있어 앞쪽은 물론 양쪽으로도 볼 수 있다. 게코의 일부 종(눈꺼풀게코과-eublepharidae)이 움직이는 눈꺼풀을 가지고 있기는 하지만, 크레스티드 게코는 눈꺼풀이 없다. 크레스티의 눈꺼풀은 브릴(brille) 또는 스펙터클(spectacle)이라 불리는 투명한 비늘에 융합되는데, 이 비늘은 속눈썹과 같이 눈을 보호하고 탈수현상을 방지하는 기능을 하며 나중에 피부와 함께 탈피된다. 눈꺼풀이 없기 때문에 불순물로부터 눈을 보호하기 위해 혀로 핥아서 청소한다. 홍채는 흰색에서 회색, 갈색에 이르기까지 다양한 색을 띠며, 혈관은 갈색에서 오렌지색까지 나타날 수 있다. 수직 동공은 밝은 조명에서 좁은 구멍으로 나타나지만, 희미한 빛 속에서는 넓게 열려 밤에 잘 볼 수 있게 한다.

1. 크레스티는 표범도마뱀부치과를 제외한 모든 게코와 마찬가지로 눈꺼풀이 없다. **2.** 크레스티는 잠을 잘 때 눈이 안와 속으로 잠기며, 눈 위쪽 가장자리가 접히면서 눈 윗부분의 일부를 덮는다. **3.** 눈꺼풀이 없는 크레스티는 수정체를 핥아 청결을 유지한다.

귀

크레스티드 게코는 상대적으로 작은 귓구멍을 가지고 있으며, 턱선 뒤에 위치한다. 외이도 안을 들여다보면 고막이 확인되지만, 다른 많은 도마뱀의 경우처럼 뚜렷하지는 않다. 크레스티드 게코의 청각은 좋은 것으로 추정하고 있다.

입과 혀

크레스티드 게코는 비슷한 크기의 다른 게코 종에 비해 상대적으로 큰 입을 가지고 있으며, 이 입은 눈 뒤쪽까지 뻗어 있다. 위턱과 아래턱의 잇몸에는 아주 작고 크기가 거의 같은 날카로운 이빨이 줄지어 있다(측생치-側生齒, pleurodont tooth). 크레스티드 게코를 핸들링하다 보면 물리는 경우가 생길 수 있는데, 이는 방어차원에서 무는 것으로 살짝 꼬집는 정도 수준에 불과하며 피부를 뚫는 정도로 물지는 못한다. 크레스티드 게코는 일생 동안 이빨을 가는 다환치성(多換齒性) 동물로 여겨지

고 있으며, 하나의 이빨이 빠질 때쯤 되면 이를 대체하기 위해 다른 이빨이 이미 자라 나오고 있는 것을 확인할 수 있다.

두껍고 근육질인 혀를 가지고 있으며, 이 혀는 먹이를 잡는 역할 외에도 몸치장을 돕는 기능을 한다. 혀를 이용해 눈의 이물질을 깨끗하게 씻어내는데, 이는 눈꺼풀이 없는 게코 종에 있어서 매우 중요한 능력이라고 할 수 있다.

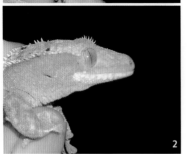

1. 머리 넓이와 주둥이 길이 역시 개체에 따라 다르다. 사진의 개체는 주둥이가 비교적 긴 편이다.   2. 머리가 넓고 주둥이가 비교적 짧은 개체

다리

크레스티드 게코는 네 개의 강한 다리를 가지고 있으며, 각각의 다리는 몸통의 측면으로 뻗어 있다. 이와 같은 구조는 크레

스티가 나무줄기에 오르거나 아래쪽의 땅을 가로질러 뛰어가는 동안 효과적으로 움직일 수 있게 해준다. 또한, 다리는 느슨한 피부로 덮여 있는데, 물갈퀴가 달린 발과 함께 사용돼 크레스티가 공중으로 뛰어올라 몸자세를 펴진 상태로 유지하면서 하강속도를 늦출 수 있도록 도와준다.

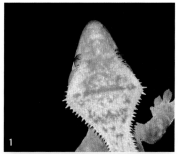

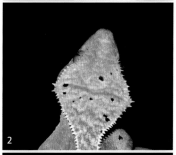

발과 발가락

크레스티드 게코는 나무에 오르기 위해 적응된 몇 가지 기능을 가지고 있다. 그들의 수상성(樹上性) 생활양식에 특화된 매우 독특한 발을 가지고 있으며, 다른 대부분의 도마뱀들처럼 다섯 개의 발가락을 가지고 있다.

나뭇가지를 올라타는 다른 도마뱀들과 마찬가지로 발가락 밑부분에 특수 패드(박막층, lamellae)를 가지고 있으며, 이 패드는 강모(剛毛, setae)라고 불리는 수백만 개의 작은 머리카락 같은 구조물로 구성돼 있어서 접착능력을 부여한다. 이와 같은 접착능력으로 인해 크레스티드 게코가 유리처럼 매끄러운 표면을 쉽게 오를 수 있는 것이다.

발가락 사이에는 띠가 있고, 발가락 끝에는

1. 앞 페이지에서 봤던 주둥이가 긴 개체를 위에서 관찰한 모습이다. 다음 사진과 비교해 보자. **2.** 위에서 관찰한 모습에서, 머리가 넓고 주둥이가 비교적 짧다는 특징이 잘 드러난다. 크레스티드 게코에 있어서는 돌기가 잘 발달된 넓은 머리 형질이 바람직하다. **3.** 사진의 개체는 주둥이가 길고 돌기가 잘 발달하지 않았다.

작은 발톱이 달려 있다. 패드와 발톱이 피부에 달라붙는 방식 때문에 일부 사육자의 경우 크레스티를 핸들링하면서 부드러운 피부에 닿으면 자극을 일으킬 수 있는데, 오래 지속되지는 않으며 불편함도 거의 느낄 수 없는 수준이다.

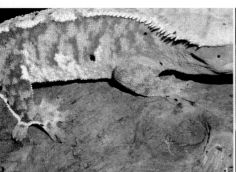

1. 크레스티드 게코는 발가락 패드가 잘 발달돼 있으며 발톱은 작다.   2. 발가락 밑면은 미세한 강모(剛毛, setae)로 이뤄진 박막층(lamellae, 얇은 판)으로 덮여 있는데, 이들은 크레스티가 거친 표면에 매달리거나 유리처럼 매끄러운 면을 타고 올라갈 수 있도록 돕는 기능을 한다.

꼬리

크레스티드 게코는 길고 약간 앞쪽으로 뻗은 꼬리를 가지고 있으며, 이 꼬리는 나뭇가지에 매달려 균형을 유지하고 자연서식지의 울창한 숲에서 효과적으로 움직일 수 있도록 돕는 역할을 한다. 꼬리 끝의 밑면에는 발가락에서 보이는 것과 유사한 판 모양의 패드(pad)가 있으며, 핸들링을 해보면 이 꼬리 패드의 접착능력이 뚜렷하게 느껴진다. 많은 게코 종들이 통통한 꼬리를 가지고 있는데, 그 이유는 꼬리에 다량의 지방을 저장하고 있기 때문이다. 크레스티는 꼬리에 많은 양의 지방을 저장하지는 않으며, 따라서 다른 종류의 게코에 비해 가느다란 편이다.

크레스티드 게코의 꼬리는 매우 취약해서 핸들링 시 거칠게 잡거나 꽉 움켜쥐는 경우 쉽게 손실된다. 자극을 받아 끊어지는 경우 외에도 위협을 느꼈을 때 자발적으로 꼬리를 떼어낼 수 있는데, 이를 자절(自切, autotomy)이라고 한다. 다른 많은 종류의 게코는 각 꼬리뼈 사이에 파단면이 있어서 쉽게 분리할 수 있기 때문에 꼬리 전체를 잃지 않으며, 손실된 꼬리는 재생된다. 이에 반해 크레스티는 꼬리 밑부분에 한 개의 파단면이 있고, 꼬리를 재생할 수 있는 능력이 없다. 다른 게코들과 마찬가지로 크레스티도 포식자로부터 탈출하기 위해 꼬리를 끊게 되겠지만, 재생능력이 없기 때문에 원래 꼬리를 잃으면 그 부위는 짧고 뾰족한 그루터기가 된다.

실제로 야생에서 크레스티의 꼬리손실은 매우 흔하게 발생하며, 성체들은 완전한 꼬리를 갖고 있는 경우가 거의 없다. 따라서 사육 하에서 크레스티를 핸들링할 때는 꼬리가 손실되지 않도록 주의를 기울여야 한다.

건강적인 측면에서 볼 때는 꼬리가 없다고 해서 문제가 있는 것은 아니다. 사육자 입장에서 꼬리가 손실돼 부분적으로 남은 개체보다 완전한 꼬리를 가진 개체가 더 매력적으로 보이는 것이 사실이지만, 완전한 꼬리를 가진 개체들과 마찬가지로 번성하고 문제없이 번식하므로 단지 꼬리가 없다는 이유만으로 입양을 기피할 필요는 없다고 하겠다.

균형 및 방어적인 목적의 자절 외에 꼬리가 가진 기능을 이해하기 위해서는 더 많은 연구가 필요하다. 이러한 연구를 통해 야생개체에서 흔히 볼 수 있는 꼬리문제, 특히 뒤틀린 골반, 휜 꼬리 및 플로피 테일 증후군 (Floppy tail syndrome)의 원인을 밝혀낼 수도 있다. 명확하게 증명되지는 않았지만, 보통 영양문제에 기인하는 것으로 추정된다.

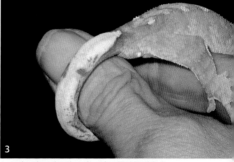

1. 크레스티드 게코의 꼬리는 길고 물건을 잡을 수 있다. 꼬리 끝은 약간 납작하며 노(paddle)처럼 생겼다.　2. 꼬리 끝의 밑면에도 박막층이 있다.
3. 크레스티는 꼬리를 나뭇가지(사진의 경우 손가락)를 감는 용도로 사용한다.

총배설강

꼬리 시작부분 근처의 복부 표면에 총배설강이 위치하고 있는데, 이 총배설강은 대변, 요산염 및 알의 최종출구 역할을 한다. 크레스티가 배변을 하거나 요산염을 배출하거나 암컷과 교미할 때 총배설강이 약간 열리게 된다.

크레스티의 피부는 겉으로 보기에 거친 느낌이지만,
실제로는 부드럽고 매끄럽다.

피부

크레스티드 게코는 아주 작은 과립형 비늘로 덮인 피부를 가지고 있다. 성체의 피부는 거친 느낌을 주지만, 실제로는 꽤 매끄럽고 부드럽다. 가시 같은 돌기의 비늘도 날카롭거나 따끔하지는 않으며, 피부는 두껍지 않지만 튼튼하고 마모에 강하다.

모든 파충류와 마찬가지로, 크레스티드 게코도 성장을 위해서는 자신의 피부를 벗겨내야 하며, 이러한 과정을 탈피(脫皮, ecdysis)라고 한다. 탈피할 준비가 되면 오래된 죽은 피부의 바깥층이 바로 아래층에 있는 새로운 피부와 분리돼 처음에는 칙칙하고 다소 희뿌연 색을 띠게 된다. 탈피시기가 되면 입과 발을 이용해 피부를 벗기기 시작하고, 벗겨낸 피부는 먹는다. 크레스티가 탈피껍질을 먹는 주된 목적은 포식자로부터 스스로를 방어하기 위한 것인데, 만약 탈피된 피부조각들을 그대로 남겨둔다면 포식자들이 추적할 수 있는 흔적이 만들어지게 되기 때문이다.

내부장기

크레스티드 게코의 해부학은 일반적으로 다른 도마뱀이나 사지동물들과 비교해 별 차이가 없다. 콧구멍을 통해 산소를 흡입하고, 흡입한 산소를 기도를 통해 폐로 운송한다. 여기서 혈액은 이산화탄소를 산소로 교환해 심장과 혈관을 통해 다양한 신체 부위로 퍼 올린다. 심장은 두 개의 심방과 하나의 심실만 있지만, 격막(septum)이 심실을 대부분 나눠 유지하므로 4개의 심실이 있는 포유류의 심장과 비슷하게 작동할 수 있다. 이는 산소와 탈산소화(deoxidation)된 혈액을 심장에서 분리해 유지한다는 것을 의미한다. 소화기계통은 식도, 위, 소장, 대장 그리고 배설강이라고 불리는 종착 실로 구성돼 있다. 위는 음식을 수용할 수 있도록 늘어나는 능력이 있다. 간은 몸통 중앙 부근에 있으며, 담낭은 간의 바로 뒤쪽에 위치한다. 담낭은 담즙을 저장하고, 간은 소화, 신진대사, 여과와 관련된 많은 기능을 담당한다. 폐 바로 뒤에 있는 신장은 혈류에서 노폐물을 걸러낸다. 뇌와 신경계를 통해 몸을 조절하며, 내분비선과 외분비선은 다른 척추동물에서와 마찬가지로 작용한다.

감각

크레스티드 게코의 크고 둥근 눈은 빛의 양에 따라 팽창할 수 있는 수직의 눈동자를 가지고 있고, 야행성 생활방식에 맞게 적응돼 있다. 동공은 밝은 조명조건하에서는 눈에 들어오는 빛의 양을 최소화하기 위해 얇은 구멍으로 나타나며, 어두운 환경에서는 훨씬 더 넓게 열리게 된다. 홍채를 자세히 살펴보면, 작은 정맥과 색소가 침착된 복잡한 패턴을 확인할 수 있다. 크레스티드 게코의 큰 눈은 움직임을 감지하는 데 뛰어난 능력을 부여하며, 이러한 이유로 귀뚜라미처럼 빠르게 움직이는 곤충은 열심히 쫓는 반면 느리게 움직이는 밀웜은 종종 무시하는 모습을 볼 수 있다.

머리 양쪽에 한 쌍의 귓구멍이 있으며, 귓구멍 안쪽에는 음의 진동을 포착하는 고막이 있다. 크레스티드 게코가 소리를 낸다는 보고가 있지만, 이러한 경우는 드물고 소리를 낸다 해도 보통 싸울 때로 한정된다. 크레스티는 확실히 토케이 게코와 같은 다른 종의 게코만큼 성량이 높지는 않다.

크레스티의 눈은 야행성 습성에 맞게 적응돼 있다.

크레스티드 게코의 미각은 매우 잘 발달돼 있다. 어떤 개체의 경우 특정한 맛의 과일 퓌레를 선호하는 것으로 보이며, 후각을 이용해 섭취할 수 있는 과일을 찾는 것으로 추정된다. 다른 많은 파충류와 마찬가지로, 크레스티드 게코 또한 입천장에 잘 발달된 야콥슨기관(Jacobson's organ; 서골비기관-vomeronasal organ-으로도 알려져 있다)을 가지고 있으며, 이 야콥슨기관은 냄새나 맛을 감지하는 기능을 한다.

크레스티드 게코는 특히 새로운 장소를 탐색할 때 종종 주변을 핥는 것을 볼 수 있는데, 이러한 행동을 통해 주변에 있었던 다른 동료들이 남긴 화학적 메시지를 수집하고 이렇게 수집한 페로몬 흔적을 이용해 잠재적인 짝을 추적할 수 있다. 혀가 표면과 접촉할 때 다양한 냄새분자를 포착하고, 혀를 다시 입 속으로 가져가면 야콥슨기관에서 포착한 분자를 분석한다. 그런 다음, 근처의 잠재적 짝에서 나온 페로몬, 경쟁관계에 있는 수컷이 남긴 표식으로 특정 '냄새'를 인식할 수 있으며, 잠재적인 포식자나 먹이 등의 존재를 인식할 수도 있게 되는 것이다. 또한, 일반적으로 사용되는 경로를 따르며 라이벌 수컷의 영역을 피할 수 있다.

점프력

크레스티드 게코는 나뭇가지나 사육주의 손 위에서 뛰어내렸을 때 부상 없이 지상에 안전하게 착륙할 수 있는 능력을 가지고 있는데, 이처럼 안전한 착지를 위해 뒷다리와 꼬리 시작부분 사이에 띠를 가지고 있다. 점프를 할 때, 크레스티는 활주를 위해 물갈퀴가 밖으로 펼쳐지도록 다리를 뻗는다. 그런 다음, 다리 물갈퀴가 확장된 발가락 물갈퀴의 도움을 받아 낙하산처럼 사용되면서 부드럽게 착지한다. 사육주의 손 위에 움직임 없이 앉아 있다가 뜻하지 않게 바닥으로 떨어지려는 상황에서는 사육주를 붙잡는 모습을 볼 수 있다.

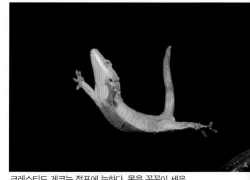

크레스티드 게코는 점프에 능하다. 몸을 꼿꼿이 세우고 뒷다리를 쭉 뻗으면서 힘껏 몸을 튕긴다.

03
section

크레스티드 게코의
생태와 생애주기

거의 모든 크레스티드 게코가 사육하에서 무리 없이 생활하고 있지만, 이들이 가축화됐다고 볼 수는 없으며 여전히 타고난 야생의 본능을 가지고 있다는 점을 염두에 둬야 한다. 다른 파충류처럼(그리고 일반적인 야생동물처럼) 크레스티드 게코는 특정한 환경조건에서 살도록 적용해 왔다. 크레스티의 행동 및 서식지 요건에 맞는 환경을 제공해 주기 위해서는 그들의 자연사를 아는 것이 도움이 될 것이며, 크레스티드 게코에 대한 기본적인 이해를 갖추면 사육관리에 대해 배울 수 있다.

동물사육 분야는 점차 진화하는 추세이며, 사육자들은 새로운 정보와 아이디어를 그들의 사육이론에 반영하면서 전략을 자주 바꾼다. 사육관리에 있어서 정해진 정답은 없으며, 특정 상황에서 효과가 있는 것이 다른 상황에서는 효과가 없을 수도 있다. 따라서 이들을 사육하는 데 있어서 서로 다른, 때로는 상반되는 정보를 접하게 될 수도 있다. 사육자는 모든 경우에 가능한 한 최상의 삶의 질을 제공할 수 있도록 해당 종의 자연서식지에 관해 최대한 많이 배우려는 노력을 해야 한다.

크레스티드 게코의 서식지

크레스티드 게코는 뉴칼레도니아(New Caledonia) 남부지방 출신이다. 뉴칼레도니아는 오스트레일리아와 피지(Fiji; 남태평양의 독립국)의 중간쯤에 위치한 프랑스령의 해외 자치주로, 파푸아뉴기니와 뉴질랜드에 이어 남태평양에서 세 번째로 큰 군도다. 북회귀선의 북쪽에 위치하고 있어 동남쪽의 무역풍에 영향을 받는 습한 열대기후를 나타내고 있으며, 건기와 우기의 구별이 있다. 4월부터 11월까지는 건조하고 시원하며, 낮기온은 17℃이고 밤기온은 27℃에 이른다. 12월에서 3월까지의 우기 동안, 기온은 한낮에 32℃까지 올라갈 수 있다. 높은 평균강수량과 고온으로 인해 크레스티드 게코가 서식하는 숲은 따뜻하고 습한 환경이 유지된다.

뉴칼레도니아는 마다가스카르 및 브라질의 대서양 연안 등지와 함께 '10대 생물 다양성 핫스폿(hot spot)' 중 하나로 지정됐다. 곤드와나 대륙(Gondwana; 현재의 남반구 전체를 포함하던 수백만 년 전의 초대륙)의 일부인 뉴칼레도니아는 마다가스카르섬을 능가할 정도로 다양하고 독특한 야생동식물이 자라고 있는 곳이다. 많은 종류의 식물과 동물들이 이곳에서만 발견될 정도로 풍토성(風土性, endemic)이 높은데, 파충류의 경우 70여 종의 토종 중 60여 종은 뉴칼레도니아에서만 발견되며, 크레스티드 게코도 그중 하나다. 뉴칼레도니아 토착종 중 다수가 비교적 최근까지 엄격하게 고립된 환경 속에서 진화돼 곤드와나의 고대 생태를 그대로 반영하고 있다.

뉴칼레도니아의 주요 섬인 그랑드테르(Grande-Terre; 서인도제도의 소앤틸리스제도 북부에 있는 프랑스령 과들루프섬에 속한 섬)는 해안평야가 있는 산맥의 중추를 가진 길고 좁은 땅이다. 그랑드테르의 남쪽 끝에는 소나무로 뒤덮여 '소나무섬'이라 불리는 일데팽(Ile des Pins)이 있다. 이 두 개의 커다란 섬 연안에서 몇몇 다른 작은 섬들이 발견되는데, 크레스티드 게코는 이들 중 많은 섬에 서식한다. 작은 섬의 다른 그룹인 로열티제도(Loyalty Islands)는 북동쪽에 있지만, 크레스티가 발견되지 않는다. 크레스티드 게코는 그랑드테르의 남쪽 3분의 1 지점에서부터 파인섬(Isle of Pines)과 가까운 작은 섬의 고립된 곳까지 서식하는 것으로 알려져 있다. 야행성으로 야간에 활동을 하며, 낮에는 작은 나무들의 잎사귀에 숨어 지낸다.

크레스티드 게코와 같은 서식지 및 범위 내에서 공존하는 종들도 많지만, 일부 는 크레스티드 게코가 발견된 적이 없는 그랑드테르의 다른 지역에 살고 있다. IUCN(International Union for Conservation of Nature and Natural Resources; 국제자연보전 연맹)의 적색리스트(Red List; 전 세계 동식물 종의 멸종위기를 평가한 리스트)에 따르면, 크 레스티드 게코는 해발 150~1000m의 숲 에서만 발견된다고 보고돼 있다.

여러 해 동안, 야생 크레스티드 게코의 개체 수는 1600㎢의 지역에 존재하는 것 으로 생각돼 왔는데, 2015년 탐사대가 뉴칼레도니아 북쪽 끝에서 개체를 발견

크레스티드 게코는 벌목과 같은 인간의 활동에 영향을 받지 않은, 훼손되지 않은 원시림에서만 발견된다. 이러 한 환경에서는 빽빽한 캐노피가 그늘막 역할을 함으로써 지면에 다른 식물이 자랄 수 없으며, 숲의 바닥은 낙엽층 으로 덮이게 된다.

했다. 〈Herpetology Notes(온라인 저널 파충류학 노트)〉에 발표된 이 연구의 보고서 에 언급된 내용에 따르면, 크레스티드 게코는 자연적으로 발생하는 개체군으로서 해안 저지대뿐만 아니라 내륙의 높은 고도를 포함해 다양한 숲 서식지에서 발생한 다. 또한, 숲속 인가 근처에서도 발견될 가능성이 있다.

크레스티드 게코의 크기와 수명

다 자란 성체의 경우 꼬리를 포함한 총길이는 약 20~23cm에 이른다. 꼬리를 제외 한 몸길이, 즉 SVL(snout to vent length)은 일반적으로 약 10~12cm 정도 된다. 몸무게 는 평균적으로 35~40g 정도 되며, 65g까지 성장하는 경우도 있다. 크레스티드 게 코 새끼는 총길이 약 7.6cm, 몸무게 약 1.5g으로 태어나며, 6개월에서 18개월이 되 면 성체 크기에 도달한다. 크레스티의 경우 상대적으로 크기에 따른 성적 이형성 이 거의 나타나지 않으며, 수컷과 암컷은 비슷한 크기에 도달하게 된다.

- **해츨링**(hatchling) : 유체. 갓 태어났거나 자그마한 새끼 개체를 의미한다.
- **주버나일**(juvenile) : 준성체, 아성체. 어느 정도 성장한, 성적으로 성숙하지 않은 청년기의 개체를 의미한다.
- **어덜트**(adult) : 완성체. 성적으로 성숙하고 완전히 성장한 개체를 의미한다.

야생 크레스티드 게코는 대부분의 다른 작은 도마뱀 종들과 마찬가지로 생애 첫해 안에 죽는 개체가 많으며, 성체에 도달한 개체는 4~5년 정도 사는 것으로 추정된다.

크레스티드 게코가 반려도마뱀으로 사육되기 시작한 지 그리 오래 되지 않았기 때문에 사육하에서의 평균수명은 정확하게 알려져 있지 않다. 그러나 현재 사육하에 있는 개체들의 관련 기록에 따르면, 최적의 관리를 받을 경우 10년 이상 살며 20년까지 살 수도 있다. 앞으로 애호가들이 보유한 개체의 사육기간이 길어지고 관련 데이터가 쌓이면 보다 더 확실한 정보를 확보할 수 있게 될 것이다.

크레스티드 게코의 야생에서의 위치

크레스티드 게코는 현재 CITES에 '멸종위기 취약 등급'으로 등재돼 보호를 받고 있다. 수십 년 동안 멸종된 것으로 추정됐던 크레스티는 야생에서 분명히 희귀한 도마뱀 종이며, 대부분의 주요 개체군은 수가 감소하고 있는 것으로 보인다. 뉴칼레도니아에서는 크레스티에 대한 수출 허가를 내주지 않기 때문에 야생에서 데려온 개체는 거의 없다. 따라서 크레스티 사육이 야생개체 수에 미치는 영향은 없으며, 서식지파괴와 돼지 및 사슴의 유입이 야생개체 수 감소에 영향을 미쳤다.

사실상 크레스티드 게코와 서식지를 공유하는 모든 포식자들은 잠재적인 위협이 된다. 그러나 뉴칼레도니아는 양서류나 포유류 포식자를 포함해 숲에서 발견되는 많은 유형의 포식자가 사라져 크레스티에 대한 잠재적인 포식자는 거의 없는 상황이다. 몇몇 토종 맹금류와 멸종위기에 처한 카구(Kagu, IRhynochetos jubatusI)와 같은 조류 포식자들이 있지만, 오직 야행성 뉴칼레도니아 원숭이올빼미(Barn Owl, Tyto alba)만이 심각한 위험을 가하는 경향이 있다. 이외에, 크레스티드 게코에게 가장 큰 위협은 성체 크레스티드 게코를 포함한 다른 도마뱀일 가능성이 있다.

크레스티드 게코의 먹이활동

크레스티드 게코는 야행성으로 이른 초저녁부터 활동을 시작하는데, 낮 동안은 나뭇잎이나 갈라진 틈새에 은신해 있다가 밤이 되면 먹이를 찾아다니며 짝짓기도 한다. 크레스티는 야생에서 무척추동물과 부드러운 과일을 모두 먹고 사는 것으로 알려져 있다.

야생 크레스티의 먹이습성에 대한 연구는 거의 이뤄지지 않았기 때문에 그들이 선호하는 특정한 먹이의 종류는 정확하게 알려져 있지 않지만, 주로 나비와 나방 성체 및 유충, 딱정벌레 성체 및 유충, 파리와 모기 성체 및 유충, 메뚜기 및 귀뚜라미, 달팽이 및 민달팽이, 지렁이 등의 무척추동물을 잡아먹는 것으로 보인

크레스티드 게코는 현재 CITES에 '멸종위기 취약 등급'으로 등재돼 보호를 받고 있다.

다. 곤충의 경우는 주로 기회주의적으로 포획하는 편이다. 잠재적인 먹잇감을 발견하면 두 눈을 먹이에 집중시키고, 먹잇감을 향해 달려들기 전에 몸을 조정해 가며 최적의 범위 안에서 움직인다. 크레스티는 보통 삼키기 전에 먹이동물을 무력화시키기 위해 여러 번 짓누르는데, 먹이에 따라 산 채로 삼키는 경우도 있다.

앞서 언급했듯이 동물먹이 외에 부드러운 과일도 먹는데, 선호하는 과일의 종류에 대해서는 구체적인 기록이 없다. 또한, 다른 작은 도마뱀처럼 꽃의 꿀을 먹기도 한다. 시각과 후각, 미각을 이용해 먹을 수 있는 다양한 과일을 찾아내며, 적당한 과일을 찾으면 근육질의 혀를 이용해 과즙과 섬유질을 핥아먹는다.

크레스티드 게코의 성별

암수 간의 신체적 차이, 즉 성적 이형성은 성숙한 개체에서만 명백하게 나타난다. 성숙한 수컷의 가장 두드러지는 특징은 꼬리 시작부분의 안쪽에 두 개의 불룩한 돌출부(hemipenal bulges)가 보인다는 것이다. 이는 생식기로 인해 부풀어 오른 부분으로, 짝짓기를 하지 않을 때 수축된 수컷의 반음경(半陰莖, hemiphallic) 한 쌍이 수납

돼 나타나는 것이다. 균형 잡힌 영양을 섭취한 해츨링의 경우 8개월에서 9개월 사이에 성성숙에 도달할 수 있는데, 이 시점에 이 부푼 돌출부가 갑자기 나타난다. 성체 수컷의 또 다른 특징은 골반 밑면의 숨구멍과 뒷다리의 안쪽 비늘에 한 줄로 늘어서 있는 표피성 소기관으로, 이를 서혜인공(鼠蹊鱗孔 femoral pore) 또는 대퇴모공이라고 한다. 암컷의 경우 서혜인공을 가지고 있지만, 모공이 거의 발달돼 있지 않은 것으로 구분된다. 이 모공에서 암컷을 유혹하기 위한 페로몬이 분비된다. 페로몬은 다양한 동물들이 방출하는 화학적 신호로, 일반적으로 이성에 대한 유인물질로 사용되지만 자신의 영역을 표시하는 데도 사용될 수 있다. 크레스티드 게코는 자신이 걷고 있는 곳의 표면을 규칙적으로 핥으며, 이 모공으로부터 남겨진 분비물을 통해 근처의 잠재적 동료나 경쟁자들의 존재를 확인할 수 있다.

많은 게코 종들은 꼬리 밑의 양쪽에 작은 돌기 한 쌍을 가지고 있는데, 이 돌기는 항문결절(postanal tubercles)이라고 알려져 있다. 이러한 종들 중 많은 종에서 수컷의 결절은 암컷의 결절보다 훨씬 크기 때문에 이것이 성적 이형성의 또 다른 예가된다. 이러한 이형성은 흔히 생식기와 대퇴부가 발달하기 전에 주버나일 개체에서 뚜렷하게 나타나며, 따라서 일부 브리더들은 주버나일 개체의 성별을 확인하는 데 항문결절을 이용한다. 크레스티드 게코도 이러한 결절(혹)을 가지고 있지만 크기와 성별 사이에는 아무런 상관관계가 없으며, 따라서 주버나일 개체의 성별을 구분할 수 있는 믿을 만한 수단이 결코 아니다. 크레스티드 게코는 또한 체격에 따라 성별을 구분할 수 없는데, 게코의 일부 종에 있어서 수컷이 암컷보다 더 크고 강건하지만 크레스티드 게코에 있어서는 그렇지 않다.

크레스티드 게코의 번식

크레스티드 게코는 1년 중 특정 시기에 한해 번식하는 계절번식동물(seasonal breeder; 연중 어느 시기라도 번식 가능한 동물은 주년번식동물-annual breeder-이라 한다)로, 남반구의 따뜻하고 건조한 여름 동안 주로 번식이 이뤄진다. 이 기간은 11월부터 이듬해 4월까지이며, 평균기온이 26.7~29.4℃이고 강수량이 거의 발생하지 않는다. 5월부터

10월까지의 겨울철에는 비가 자주 내리고 기온은 평균 18.3~21.1℃로 더 낮아진다. 수컷 크레스티드 게코는 번식기 내내 여러 암컷과 짝짓기를 한다. 암컷은 두 마리 이상의 수컷과 짝짓기를 할 수 있지만, 대부분은 한 번의 짝짓기를 통해 얻은 정자를 보관하고 번식기에 다수의 클러치를 생산한다. 수컷은 자신의 영역을 다른 수컷들로부터 지키기 위해 방어하고, 영역을 통과하는 암컷과 짝짓기를 시도한다. 많은 게코 종들과 마찬가지로 짝짓기 후 암컷은 체내에 정자를 몇 달 동안 저장할 수 있으며, 이러한 방식으로 난자의 수정을 통제할 수 있게 된다. 산란은 썩은 통나무, 나뭇구멍 또는 유기물 잔해로 촉촉해진 장소에서 이뤄진다.

크레스티드 게코의 라이프사이클

개체발생이란 배아에서 성체로 성장하면서 형태적, 생리적, 행동적 변화를 겪는 과정을 말한다. 취미로 사육한다고 가정했을 때, 크레스티는 형태, 성장속도, 번식력의 변화를 기준으로 배아기, 성장기, 성적 발현기, 성적 성숙기, 성적 쇠퇴기(노년기)로 분류되는 다섯 단계의 광범위한 개체발생 과정을 거친다고 볼 수 있다.

■**1단계 - 배아기** : 배아기는 알에서 보내는 시기다. 유전, 모체의 건강과 영양상태, 인큐베이터나 주변 환경의 수준과 습도, 부화온도 등 많은 요인들이 배아의 건강과 발달에 영향을 미친다. 이는 모두 전문브리더들이 크고 건강한 새끼를 얻기 위해 고심하는 요소들이다. 이 단계는 보통 60일에서 90일 사이의 기간이며, 약 20~23℃ 사이의 시원한 부화온도에서는 120일 이상 지속될 수 있다.

1. 배아기는 알에서 보내는 시기다. **2.** 성장기는 부화로 시작해 9개월~1년 동안 지속된다.

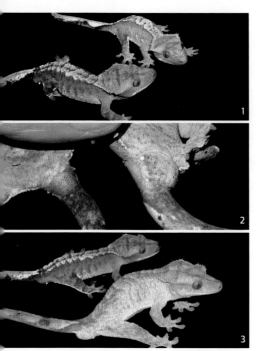

■2단계 - 성장기 : 성장기는 부화 이후부터 시작하며, 빠른 성장이 특징이다. 최적온도인 25.5~28°C(국내의 경우 사육자들이 상대적으로 낮은 24~27°C 정도의 온도범위를 선호하는 경향이 있다 - 역자 주) 범위의 환경에서 양질의 먹이를 자주 급여하면 매우 빨리 성장하는 모습을 볼 수 있다. 크레스티드 게코를 단독으로 사육할 경우 서로 간의 경쟁이 발생하지 않기 때문에 개체의 성장을 최적화하는 데 도움을 줄 수 있다. 그룹으로 사육할 경우 더 활발하고 빠르게 성장하는 개체가 그렇지 않은 개체를 위협하게 되며, 간혹 꼬리를 뜯어먹기도 한다.

1. 성적 발현 단계에서 갑작스런 반음경의 발달이 이뤄진다. 위에 약간 어린 수컷은 아래쪽에 약간 나이가 많은 수컷에 비해 눈에 보이는 생식기 돌출부가 없다. 2. 앞에서 봤던 수컷의 밑면. 3단계 동안 반음경 발달의 차이를 분명하게 보여준다. 3. 개체의 무게는 성적 발현의 시작(작은 개체)부터 성성숙의 시작(큰 개체)까지 50~100% 정도 증가할 수 있다.

달걀판을 겹쳐놓은 것 등의 은신처를 제공해 개별 공간을 확보해 주고, 주기적으로 작은 귀뚜라미를 급여하면 무리 내에서 발생하는 개체 간 공격성을 완화시키는 데 큰 도움이 된다. 또한, 정기적인 선별작업을 통해 크기 차이가 나는 작은 개체는 별도의 공간으로 분리해야 한다. 사육조건에 따라 다르지만, 성장기는 보통 9개월에서 1년 정도 지속된다. 집중적인 환경에서 사육한 일부 수컷들은 빠르면 5개월 만에 총배설강 아래쪽에 생식기로 인해 부풀어 오른 부분(hemipenal bulges)이 나타난다. 생식기능의 발달과 함께 2단계는 막을 내린다.

■3단계 - 성적 발현기 : 크레스티드 게코는 몸무게가 약 21g, SVL이 7.5cm에 달할 때쯤이면 수컷에게서 첫 번째 성적 발현 증상이 나타난다. 몇 주 내로, 총배설강 아래

쪽 생식기 부위가 둥글납작하게 발달될 것이다. 크레스티 사육 초기에 이 부푼 돌출부는 일부 사람들이 고환이라고 생각했는데, 짝짓기를 하는 과정에서 꼬리 시작 부분으로부터 뒤집어진 한 쌍의 반음경이 확장되면서 나타나는 증상을 보고 고환이라 여긴 것이다. 암컷의 경우, 분명한 성적 발현 증상은 나타나지 않는다.

3단계의 진행은 암컷이 수컷보다 조금 느릴 수 있다. 2단계와 비교해 상대적인 성장이 지속되지만 그 속도가 현저하게 줄어든다. 주원인은 호르몬의 변화 때문이며, 또한 알을 만드는 암컷보다 번식활동을 하는 수컷이 성장에 에너지를 더 많이 투자할 수 있기 때문이기도 하다. 이 단계는 보통 1년에서 2년 정도 이어진다.

■**4단계 - 성적 성숙기** : 성적 성숙기는 성장이 멈추는 것으로 특징지어지는데, 생후 약 2년쯤 되면 이 시기에 도달하게 된다. 성적 성숙기에 도달하면 크기가 거의 자라지 않는 것을 볼 수 있다. 이 단계에서는 다소 꾸준한 번식률을 보이며, 10년 혹은 그 이상 지속될 수 있다.

■**5단계 - 성적 쇠퇴기** : 성적 쇠퇴기 혹은 노년기로 부르는 시기이며, 암컷의 알 생산율도 낮아지거나 제로에 가까워진다. 수컷의 경우는 죽을 때까지 번식할 수 있기 때문에 5단계 진입 여부를 판단하기는 힘들다. 크레스티드 게코에 있어서 이 단계가 얼마나 오래 지속되는지에 관해서는 정확한 정보를 확인할 수 없다. 필자가 1995년 사육을 시작한 성체들 중 일부는 글을 쓰고 있는 현재(2004년) 번식활동을 지속하고 있다. 1994년에 확보했던 암컷은 죽기 전 마지막 3년 동안 알을 전혀 생산하지 못했다. 레오파드 게코의 경우 5단계는 최소 8년 이상 이어질 수 있다.

노년기의 크레스티드 게코를 루페로 살펴보면, 신체 부위에 따라 비늘이 헤지거나 두꺼워지는 증상이 자주 나타난다. 나이가 많은 개체는 또한 탈피문제가 더 심각한 경향이 있는데, 이는 아마도 비늘이 두꺼워지는 현상이 원인인 것으로 보인다. 노화가 진행될수록 머리가 점점 가늘어지고 앙상해지며, 보통 점진적 체중감소를 동반한 질병 및 노화로 죽게 되고, 이로써 마지막 생애주기가 끝난다.

크레스티드 게코의
특성과 습성

크레스티드 게코가 지닌 가장 큰 특징은 색상과 패턴이 매우 다양하다는 점이다. 어두운색부터 밝은색까지, 점무늬부터 스트라이프무늬까지 다양하게 나타나는 색상과 패턴은 크레스티의 인기를 높이는 매력적인 요소다. 이번 섹션에서는 색상을 비롯해 크레스티드 게코가 지닌 특성과 습성 등에 대해 알아본다.

색상 및 패턴의 특징

크레스티드 게코의 색상은 각 개체마다 다를 뿐만 아니라 특정 개체에 있어서 기분이나 건강, 스트레스 수준, 번식주기에 따라서도 달라진다. 바탕색은 카키 (khaki), 옐로우(yellow), 오렌지(orange), 레드(red), 브라운(brown) 또는 블랙(black) 등의 색조를 이루는데, 어두운 갈색 또는 회색의 음영부터 뜻밖의 밝은 노란색과 붉은색까지 매우 다채롭게 나타나는 것을 볼 수 있다.

크레스티드 게코는 개체마다 다양한 색상과 패턴을 나타내며, 기분이나 환경조건 등에 따라 색상이 변화된다.

대부분의 개체에 있어서 다양한 반점, 밴드, 줄무늬 등의 패턴을 보이는데, 이들 패턴 또한 여러 가지 색상으로 나타날 수 있다. 어떤 개체의 경우 한 가지 색으로 나타나는 반면, 어떤 개체는 더 밝은 색상의 패턴이나 강조색이 나타나기도 한다. 후자의 경우 이 대조적인 밝은 체색은 대개 돌기의 가느다란 비늘을 강조하게 되며, 등 윗부분에서 돌기가 줄어드는 곳에 가볍게 부서진 넓은 줄무늬가 나타나 꼬리의 뒤쪽과 아래쪽으로 이어진다. 이러한 패터닝(patterning)이 부족한 개체들은 흔히 꼬리의 상단 표면에 밝은 표식을 가지고 있는 것을 확인할 수 있다.

어떤 모프라도 뒷다리 띠의 가장자리, 항문결절, 꼬리 시작부분 양쪽의 부푼 돌출부에 밝은 줄무늬가 있을 수 있다. 더 어두운 표식도 가끔 나타나는데, 특히 달마티안(Dalmatian; 흰색의 짧은 털에 까만 점이 많은 견종)[1] 처럼 검은색 점들이 온몸에 무작위로 흩어져 있다. 등 쪽이나 옆구리에 있는 물결무늬를 포함해 어두운 표식이 미묘하게 나타날 수 있다. 이러한 기본 패턴과 색상의 수많은 조합이 다양하게 나타나며, 사육하에서 선택적 번식을 통해 지속적으로 개량되고 있다. 야생에서 관찰된 크레스티드 게코의 대부분은 패턴이 적고 누런빛을 띠는 어두운 황갈색이다.

---

1   보통 일상적으로는 달마시안이라고 많이들 부르고 있는데, 한글 맞춤법 외래어 표기 규정에 따르면 달마티안이 올바른 표현이므로 본서에서는 이를 기준으로 표기한다.

다형성(多形性, polymorphism; 동종 집단 가운데에서 2개 이상의 대립형질이 뚜렷하게 구별되는 것을 이른다. 사람의 ABO식 혈액형, 꿀벌에서의 여왕벌과 일벌 등), 즉 같은 종 내에서 외양이 이렇게 다르게 나타나는 이유에 대해서는 여전히 알려져 있지 않다. 야생에서 서식하는 지역에 따라 서로 다른 색깔의 개체들이 발견되는지는 명확하지 않다. 크레스티드 게코의 모든 색깔과 무늬는 신체를 효과적으로 위장해 서식지에서 이끼로 덮인 나무껍질과 자연스럽게 섞이도록 하는 기능을 한다.

색채의 변화

크레스티드 게코의 색상은 나이, 탈피주기, 환경조건에 따라 변한다. 그렇다고 해서 카멜레온처럼 극적으로 변하는 것은 아니고, 기존의 색채들이 더욱 밝아지거나 어두워지는 식이다. 크레스티의 일반적인 패턴과 색은 앞서 언급한 여러 가지 요건에 의해 어두워지거나 밝아질 수 있으며 기분상태, 온도나 빛에 대한 노출정도에 따라 레드(red), 엘로우(yellow), 오렌지(orange) 색상이 희미해지거나 선명해질 수 있다.

■ **나이에 따른 색채변화** : 패턴은 일반적으로 처음부터 뚜렷하게 나타나지만 나이가 들수록 점차 심화되는 경향이 있다. 꼬리 위쪽 표면에 나타나는 밝은 패턴은 해츨링(hatchling)에서 볼 수 있는 가장 대조적인 특징이다. 색

1. 크레스티드 게코 해츨링은 붉은색을 띤다. **2.** 이전 사진의 붉은색 개체를 4달 뒤에 찍은 사진이다. 붉은 기가 거의 사라진 것을 볼 수 있다. **3.** 생후 3개월 된 크레스티드 게코

1. 이전 사진의 개체를 생후 7개월에 다시 촬영한 모습 2. 생후 2개월의 크레스티드 게코 형제 3. 이전 사진의 크레스티드 게코 형제를 생후 7개월에 다시 촬영한 모습

채와 패터닝은 보통 성체와 주버나일에 있어서 크게 다르게 나타나는 것을 볼 수 있다. 갓 부화했을 때 대부분의 크레스티의 색깔은 성체가 됐을 때보다 훨씬 더 탁하다. 일반적인 패턴 유형은 주버나일 단계에서 확연하게 드러나지만 밝은 옐로우, 오렌지, 레드 색깔의 경우는 나이가 들어야 선명해진다. 다시 말해 패턴리스(Patternless), 달마티안(Dalmatian), 플레임(Flame), 스트라이프(Stripe) 패턴의 크레스티드 게코는 부화 직후에 바로 구분할 수 있지만, 성체가 됐을 때의 색은 기껏해야 짐작만 할 수 있다는 뜻이다.

다소 칙칙한 색을 띠는 새끼도 자라면서 화려한 색으로 바뀔 수 있다. 많은 브리더들이 크레스티 새끼가 부화된 후 5~6개월 정도 지났을 때 분양하는 이유가 바로 여기에 있다. 이때쯤이면 성별을 확인할 수 있을 뿐만 아니라, 비싼 가격으로 분양할 수 있는 희귀한 개체를 선별해 낼 수 있기 때문이다. 흥미롭게도, 주버나일 때는 밝은 레드였다가 성장하면서 밋밋하게 변하는 경우도 있다.

■탈피주기에 따른 색채변화 : 다른 모든 파충류와 마찬가지로, 크레스티드 게코도 탈피시기에 가까워지면 낡은 피부가 새로 자라나는 상피조직에서 떨어져 나감에 따라 색이 칙칙해지는 것을 볼 수 있다. 허물은 반투명이며, 탈피시기의 이 단계에서 촬영

한 크레스티드 게코는 빛의 회절로 인해 푸르스름하게 보일 수 있다. 또한, 크레스티가 스트레스를 받을 경우 밝은색이 어두워지는 것을 확인할 수 있다.

■**온도에 따른 색채변화** : 일반적으로 크레스티드 게코는 밤 시간과 25~29℃ 사이의 따뜻한 온도에서 가장 밝은 색상을 띠는 것을 볼 수 있다. 본서에 실린 사진에서 볼 수 있는 밝은색의 크레스티드 게코들은 대부분 밤에 촬영한 것이다. 밤에 보는 크레스티와 낮에 보는 크레스티는 전혀 다른 개체로 여겨질 수 있을 정도로 색상이 변화된다.

시간대나 밝은 조명조건하에서 크레스티드 게코의 색소는 일반적으로 더 활동적인 밤 시간에 비해 칙칙하고 덜 매력적으로 보일 것이다. 보통 빛에 노출된 직후 낮에 나타나는 색상으로 되돌아간다.

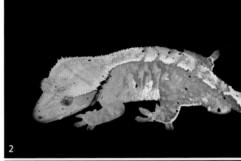

색상변화가 다른 크레스티 동료와의 의사소통을 위한 형태로 사용되는지, 혹은 크레스티가 그들의 주위 환경과 최대한 일치하도록 자신의 외양을 바꿀 수 있게 된 것인지는 여전히 알려져 있지 않다. 일부 모프

1. 크레스티드 게코가 탈피기에 접어들면 칙칙하고 푸르스름하게 보일 수 있다. 2. 낮에 촬영한 크레스티드 게코 3. 이전 사진의 개체를 밤에 촬영한 모습이다.

에 있어서는 주간 또는 스트레스를 받았을 때의 색상이 밤에 나타나는 색보다 더 흥미로울 수 있다. 색채와 크레스티의 성별 사이에는 아무런 상관관계가 없다.

주야 및 계절 활동

사육하의 크레스티드 게코가 낮이든 밤이든 어느 때라도 활동할 수 있기는 하지만, 대부분의 도마뱀 종과 마찬가지로 크레스티 또한 야행성 도마뱀이다. 보통 해가 진 직후에 일어나 몇 시간 동안 활동한 후 다시 은신처로 돌아가는데, 종종 나무 껍질 속이나 나뭇잎 밑면과 같이 포식자로부터 어느 정도 피할 수 있는 장소에서 잠을 자곤 한다. 낮 시간 동안 나뭇잎 사이에 웅크린 채 보내는 습성은, 낮 시간에 나무 구멍에 숨는 것을 선호하는 것으로 보이는 게코 종들과는 다른 점이다.

먹이활동과 번식 같은 전형적인 활동은 밤에 이뤄지며, 짝짓기는 보통 따뜻한 계절에 이뤄진다. 일반적으로 추운 겨울 동안 번식을 자제하고 덜 활동적이기는 하지만, 일 년 중 대부분의 기간 동안 활동적인 모습을 볼 수 있다.

일광욕과 체온조절

크레스티드 게코의 체온은 주로 대기온도를 따르지만, 태양에서 오는 복사열을 흡수하고 반사한다. 체온을 조절할 수 있는 행동을 취함으로써 자신이 선호하는 범위 내에서 체온을 유지하려고 노력하는데, 예를 들어, 몸이 너무 차가워지면 체온을 따뜻하게 하기 위해 일광욕을 할 수 있다(전형적으로 태양광선과 수직이 되도록 몸의 방향을 동쪽으로 향하게 하는 행동을 포함한다). 어떤 개체의 경우는 더 많은 적외선을 흡수하기 위해 일광욕을 할 때 더 어두운색을 나타낼 수도 있다. 이와는 대조적으로, 열을 식혀야 할 때는 그늘로 이동하거나 입을 벌려 과도한 열을 방출할 수도 있다.

그러나 실제로 야생에서 크레스티드 게코는 이와 같은 전략을 거의 사용하지 않는다. 크레스티의 원서식지는 그들이 살아가는 데 적합한 온도를 제공하기 때문에 기온이 올라가거나 내려가면서 체온이 변동하는 것을 허용하게 된다. 급격한 온도 변화에 자연적으로 노출되지 않고 연간온도가 허용 가능한 범위 내에 머물러 있기 때문에 일반적으로 따뜻함을 느끼기 위한 일광욕을 할 필요는 없다. 기껏해야 몸이 너무 뜨거워지는 것을 피하기 위해 날씨가 화창한 기간 동안 노출된 지역에서 벗어나는 정도의 행동을 취한다.

일부 개체의 경우 더 따뜻하거나 더 시원한 곳으로 자발적으로 이동하는 행동을 통해 체온을 조절하기도 한다. 대부분의 야행성 도마뱀은 일광욕을 하지 않는데, 낮 동안 나뭇잎 속에서 상대적으로 노출된 채 생활하는 크레스티의 습성으로 비춰볼 때, 다른 많은 파충류에서 칼슘대사에 중요한 것으로 알려진 UVB 빛에 어느 정도 노출될 수 있을 것으로 추정된다.

신진대사와 소화

크레스티드 게코는 체온에 따라 신진대사가 달라지는 변온동물이다. 몸이 따뜻하면 신체기능은 더 빠르게 진행되며, 차가우면 신체기능은 천천히 진행된다. 이는 최적온도 이하의 온도조건에서보다 적당하게 따뜻한 온도에서 더 효과적으로 소화된다는 것을 의미한다. 식욕은 온도에 따라 달라지며, 온도가 선호되는 범위 이하로 떨어지면 먹이섭취가 완전히 중단될 수도 있다.

탈피

비늘이 있는 다른 파충류와 마찬가지로, 크레스티드 게코도 오래된 피부를 벗겨내고 새롭고 신선한 피부를 드러낸다. 대부분의 뱀들이 항상 한 조각으로 탈피를 하는 것과는 달리, 크레스티는 피부가 몇 개의 큰 조각으로 부서지도록 탈피가 이뤄진다. 크레스티는 오래된 죽은 세포에 남아 있는 영양분을 흡수하기 위해 탈피된 허물을 섭취한다. 사육 중 자신의 크레스티가 입 밖으로 탈피허물을 늘어뜨리고 있는 것을 발견할 때가 있을 텐데, 정상적인 행동이므로 놀라지 않아도 된다.

크레스티는 몇 개의 조각으로 탈피를 한다.

뉴칼레도니아 게코를 포함한 많은 게코들은 탈피과정 중에 또는 탈피가 끝난 후 탈피허물을 먹는데, 이러한 행동을 설명하는 몇 가지 이론이 있다. 그중에서 일반적으로 받아들여지는 두 가지는, '특정한 영양소를 다시 섭취하기 위해서'라는 것과 '포식자들이 그들의 흔적을 추적하지 못하게 하기 위해서'라는 것이다.

방어전략 및 전술

크레스티드 게코는 그들이 서식하는 환경과 잘 어우러지도록 프로그램된 동물이다. 게다가 수직으로 평평한 몸을 가지고 있고 특이한 돌기를 특징으로 하는데, 이러한 특징들은 체형의 윤곽을 붕괴시키기 때문에 스스로를 위장하는 데 큰 도움이 된다. 크레스티는 비록 적들과 마주했을 때 입을 벌리거나 무는 행동을 보일 수도 있지만, 위장된 패턴을 꿰뚫어 보는 포식자들로부터 도망치려고 할 것이다.

앞서 언급했듯이, 크레스티드 게코는 사소한 일에도 꼬리를 끊어낸다. 일단 끊어진 꼬리는 몇 분 동안 계속해서 꿈틀거려 포식자의 주의를 끌게 되고, 이 틈을 타 크레스티는 포식자로부터 도망칠 수 있게 된다. 야행성 생활방식과 함께 특유의 습성은 크레스티에게 고유한 방어적 이점을 제공한다.

1. 크레스티드 게코는 공격성이 없는 편이지만, 은신처에서 자고 있을 때 놀라게 하면 다리를 딛고 일어선 다음 입을 벌리는 자세를 취해 위협신호를 보낸다.   **2.** 어떤 행동은 자연환경과 유사한 비바리움에서만 관찰할 수 있다. 필자는 크레스티가 몇 분 동안 꼬리를 꼿꼿이 세우는 모습을 여러 차례 목격했다. 크레스티드 게코의 행동양식이 대부분 밝혀지지 않았으며, 앞으로 더 많은 연구가 필요하다.

Chapter 02

크레스티드 게코 사육의 기초

크레스티드 게코를 기르기 전 알아둬야 할 것, 건강한 개체 고르는 법 등에 대해 살펴보고, 분양받기 전 고려할 사항들에 대해 알아본다.

반려동물로서의
크레스티드 게코

개나 고양이만큼 친밀도가 높거나 깊은 상호교감이 가능한 것은 아니지만, 크레스티드 게코도 얼마든지 다정하고 애정 어린 관계를 유지할 수 있다. 크레스티드 게코는 이상적인 반려동물의 특징을 골고루 갖추고 있는 도마뱀이며, 멋진 식물로 꾸며진 비바리움에서 사육하면 굉장히 아름다운 관상동물이 될 수 있다. 이번 섹션에서는 반려동물로서의 크레스티가 지닌 장점에 대해 알아본다.

공룡을 축소해 놓은 듯한 외모

크레스티드 게코는 기본적으로 공룡을 아주 작게 축소해 놓은 듯한 외모를 가지고 있다. 촘촘한 비늘, 판타지 세계에서 튀어나온 듯한 독특한 외모 등 파충류 특유의 매력을 그대로 가지고 있으면서도 몸집은 작은 축에 속하기 때문에, 마치 집 안에서 공룡을 기르는 듯한 느낌을 만끽할 수 있다. 크레스티는 공룡에 대한 환상과 경외심을 갖고 자란 사람들에게 이국적인 향수를 느끼게 해줄 것이다. 공룡이나 용

크레스티드 게코는 공룡을 닮은 외모를 지니고 있어 마치 집 안에서 공룡을 기르는 듯한 느낌을 만끽할 수 있다.

과 닮은 외모에 맞게 이름을 지어주는 것도 재미있고 흥미로운 경험이 될 수 있다. 또한, 크레스티드 게코라는 이름이 붙여지게 된 돌기(crest)가 이국적인 외모에 귀여움을 더해 한층 독특하면서도 친근한 느낌을 갖게 한다.

온순하고 길들이기 쉬운 성격

크레스티드 게코는 성격이 온순하고 핸들링도 비교적 쉬우며, 대부분의 경우 사육하에서 자연적으로 길들여지고 사람에게 해를 끼치지 않는다. 공격적인 성향이 적어 사육자를 무는 경우도 거의 없으며, 방어차원에서 무는 경우가 있을 수도 있지만 그로 인한 피해는 미미한 편이다.

색상 및 패턴이 다채롭다

앞서도 거듭 언급했듯이, 크레스티드 게코는 다양한 색상과 패턴이 나타나는 것이 특징이다. 이와 같이 다양한 색상과 패턴은 각각의 개체를 독특하고 흥미롭게 만들어 주는 요인이다. 또한, 기분이나 주변 환경에 따라 어느 정도 색채가 변화되기 때문에, 카멜레온 같은 도마뱀을 기르고 싶지만 분양가가 높고 관리가 까다로워 망설여지는 사육자라면 카멜레온을 대신해 기를 수도 있는 좋은 도마뱀이다.

유지관리가 쉽다

초보자를 위한 입문용 도마뱀이 많지만, 크레스티드 게코는 특히 관리가 매우 쉬워 적극 추천되는 반려도마뱀이다. 1994년 재발견되기 전까지 멸종된 것으로 여겨졌던 크레스티가 사육하에서 이처럼 광범위하게 정착할 수 있었던 이유는, 관리가 쉽고 인간이 제공하는 사육환경에서 번성할 수 있는 능력이 있었기 때문이다. 손이 많이 가지 않기 때문에 사육주가 관리를 할 수 없는 상황에 처했을 경우 이삼일 정도는 놔둬도 특별히 위험한 일은 발생하지 않는다.

먹이급여가 간편하다

크레스티드 게코의 사육을 결정하는 데 있어서 가장 큰 선택요인은 아마도 먹이급여가 쉽다는 점일 것이다. 야생에서 크레스티는 과일과 곤충을 즐겨 먹는데, 사육하에서는 크레스티가 필요로 하는 모든 영양소를 포함한 전용먹이를 이용해 쉽게 관리할 수 있다. 크레스티드 게코를 위한 전용먹이는 분말 형태로 제조돼 나오며, 물과 적절한 비율로 섞어 작은 컵이나 용기에 담아 손쉽게 제공할 수 있다.

입문용 도마뱀으로 추천되는 많은 도마뱀은 식충동물이며, 비타민보충제를 더스팅(dusting)하거나 것-로딩(gut-loading)한 곤충을 꾸준히 제공해야 한다. 사육자에 따라서는 곤충을 지속적으로 준비하고 살아 있도록 유지하는 것이 달갑지 않은 과정일 수도 있다. 이러한 사육자들에게 전용먹이로 쉽게 관리할 수 있는 크레스티드 게코는 훌륭한 입문도마뱀이 된다.

크레스티드 게코는 곤충도 먹기 때문에 전용먹이와 함께 귀뚜라미나 다른 먹이곤충을 제공할 수도 있다. 사육자의 일정에 맞춰 곤충을 구해 먹일 수 있으며, 여의치 않거나 단순히 귀뚜라미를 집에 두고 싶지 않은 경우라면 계속해서 전용먹이만 제공해도 건강상 크게 이상은 없다.

더스팅과 것-로딩

- **더스팅**(dusting) - 분말 형태의 칼슘/비타민보충제를 먹이동물의 몸에 직접 묻혀 사육생물에게 급여하는 방법을 말한다.

- **것-로딩**(gut-loading) - 양질의 영양소를 먹이동물에게 직접 먹여 체내에 흡수시킨 후 사육생물에게 급여하는 방법을 말한다.

온도요구조건이 낮다

다른 파충류에 비해 온도요구조건이 낮으므로 사육하기 어렵지 않으며, 몇 가지 예외를 제외하고 특별한 조명이나 열원을 필요로 하지 않는다. 크레스티를 약 23~25℃ 정도 유지되는 공간에서 관리하고 있다면, 별도의 열원을 제공할 필요는 없다. 또한, 야행성이기 때문에 비어디드 드래곤 같은 도마뱀이 필요로 하는 특별한 UVB조명을 제공하지 않아도 된다. 그러나 주야 사이클은 여전히 제공(광주기 제공)해야 하는데, 크레스티를 하루 종일 어두운 곳에 두거나 밤새도록 조명을 켜둬서는 안 된다. 이처럼 조명기구, 전구 및 교체용 전구에 투자하지 않아도 되므로 다른 도마뱀을 기를 때 염두에 둬야 할 초기비용 및 유지비용을 절약할 수 있다.

크레스티드 게코는 야행성이기 때문에 비어디드 드래곤 같은 도마뱀이 필요로 하는 특별한 UVB조명을 제공하지 않아도 된다. Florence Ivy/CC BY-ND

물론 사육장에 살아 있는 식물을 추가할 경우에는 조명을 제공하면 좋다. 살아 있는 식물을 식재할 경우 초기설치비용이 증가하지만, 시각적으로 아름다울 뿐만 아니라 사육장의 습도를 유지하는 데도 도움이 된다. 크레스티는 약 70~80%의 높은 주변 습도를 필요로 하기 때문에 살아 있는 식물이 습도유지에 상당한 도움이 된다.

많은 크레스티가 사육장 벽면, 자신의 눈과 얼굴 주변에 있는 물방울을 핥는 것을 좋아하므로 규칙적으로 분무를 해주면 좋다. 바닥재에 스프링테일(Springtails, 톡토기)과 이소포드(isopods, 등각류동물)를 추가하면, 사육장 바닥에 쌓인 쓰레기를 청소할 수 있어 깨끗한 환경에서 크레를 관찰할 수 있다.

크레스티드 게코에 대한 오해와 진실

• 크레스티드 게코의 손실된 꼬리는 쉽게 재생될 것이다

꼬리를 자절하는 특징이 있는 대부분의 도마뱀의 경우 손실된 꼬리는 재생된다. 그러나 크레스티드 게코를 포함한 일부 게코 종은 이 능력이 부족하다. 크레스티는 꼬리가 손실됐을 때 원래 꼬리를 재생시키지 못하며, 잃어버린 꼬리를 대신할 끝이 뾰족한 그루터기가 자란다.

• 크레스티드 게코는 '친구'를 필요로 한다. 혼자 지내면 외로울 것이다

크레스티드 게코는 두세 마리의 암컷과 수컷 한 마리로 구성된 소규모 그룹으로 관리할 수 있지만, 본질적으로 야생에서 삶의 대부분을 혼자 보내는 동물이다. 따라서 케이지메이트가 반드시 필요한 것은 아니기 때문에 동료가 없으면 외롭지 않을까라는 생각은 하지 않아도 된다.

• 크레스티드 게코는 사육장 크기에 비례해 성장하고, 그 이후 성장을 멈춘다

대부분의 건강한 도마뱀, 뱀, 거북은 나이가 들수록 성장속도가 느려지기는 하지만 일생 동안 성장을 지속한다(성숙해지면서 성장이 아주 약간 멈추는데, 이는 사육장 크기에 영향을 받는 것은 아니다). 성장을 늦추기 위해 작은 사육장에 두는 것은 잔인한 행위로, 성장을 늦추기보다는 개체를 아프게 하거나 폐사를 초래할 수 있다. 부적절한 넓이의 사육장에서 크레스티드 게코를 관리하는 것은 질병, 부적응 등을 초래하고 결과적으로 폐사하게 될 가능성이 커진다. 어쨌든 크레스티드 게코는 크기가 상대적으로 작기 때문에 작은 사육장에서 사육함으로써 성장을 방해하려는 시도는 의미가 없다.

• 크레스티드 게코는 반드시 살아 있는 먹이를 급여해야 한다

대부분의 게코(대부분의 곤충을 먹는 도마뱀)는 살아 있는 곤충을 먹지만, 크레스티는 평생 동안 특별히 제조된 전용먹이로 살 수 있다. 여러 세대가 다양한 상업적 식단과 맞춤식 먹이로 길러져 왔다.

• 크레스티드 게코는 감정이 없고 고통받지 않는다

크레스티드 게코는 매우 원시적인 뇌를 가지고 있고 고등 포유류의 뇌에 비할 만한 감정을 가지고 있지는 않지만, 절대적으로 고통을 느낄 수 있는 동물이다. 따라서 크레스티 사육자는 항상 파충류에 대해 개, 고양이, 말 등을 대할 때와 같은 연민을 갖도록 하자.

• 크레스티드 게코는 절대 물지 않는 길들여진 도마뱀이다

크레스티드 게코는 일반적으로 물기를 싫어하지만, 그렇다고 물 가능성이 전혀 없는 것은 아니라는 점을 염두에 둬야 한다. 크레스티가 무는 수준은 손가락으로 살짝 꼬집는 정도밖에 되지 않으며, 피부를 손상시킬 정도로 강하게 무는 경우는 거의 없다. 하지만 사육자는 자신의 크레스티가 언제든지 물 가능성이 있다는 것을 기억하고 조심하는 것이 좋겠다.

크레스티드 게코
기르기 전 고려사항

크레스티드 게코는 매우 훌륭한 반려동물이 될 수 있지만, 그러기 위해서는 사육자로서 갖춰야 할 자세와 준비가 수반돼야 한다. 여기에는 필요한 관리의 성격뿐만 아니라 관리에 소요되는 비용도 포함된다. 여러분이 크레스티를 적절하게 돌볼 수 있고 재정적 부담을 견딜 수 있는 능력이 있다고 판단된다면, 평생 동안 함께할 크레스티를 찾아도 된다. 이번 섹션에서는 반려동물로서 크레스티드 게코를 새로 들이기 전에 고려해야 하는 것들은 무엇인지 알아보도록 한다.

헌신과 책임감에 대한 자세
모든 동물에 있어서도 마찬가지겠지만, 크레스티드 게코를 기르기 위해서는 상당한 헌신과 노력이 필요하다. 사육자는 10~20년이라는 결코 짧지 않은 시간 동안 크레스티의 삶을 전적으로 책임져야 한다. 지속적으로 크레스티를 돌볼 마음의 준비가 돼 있는지, 여러분과 가족들의 생활에 발생할 수 있는 특별한 변화는 어떠한 것

이 있을지 등 새로운 개체를 들이기 전에 발생 가능한 모든 여건들을 고려해야 한다. 이러한 준비가 돼 있지 않은 상황에서 크레스티를 입양한 후 애정과 관심이 식어버린다면, 크레스티 사육은 무관심, 방관, 심지어 원망으로 이어질 수도 있으며, 이는 여러분이나 크레스티 모두에게 악영향을 미치게 된다. 따라서 일단 크레스티를 입양했다면 어떠한 상황에서도 그들의 안녕과 복지를 책임지고 관리해 줄 수 있는 책임감을 갖추는 것이 무엇보다 중요하다 하겠다.

분양에 소요되는 비용

파충류는 종종 저가로 분양되기도 하는데, 상대적인 의미로 본다면 비용이 적게 드는 것이 사실이지만(개, 고양이 또는 열대어와 관련된 비용은 흔히 크레스티에 대한 비용보다 훨씬 더 높다) 예비사육자들은 크레스티드 게코를 입양하는 데 따르는 재정적 요구에 대비해야 한다. 처음에는 크레스티의 입양과 사육환경 조성에 드는 비용을 위해 예산을 짜야 하는데, 많은 사육자들이 이러한 비용을 계획하고 있지만 일반적으로 초기 시작비용을 넘는 지속적인 비용을 고려하지 않는 경향이 있다.

크레스티드 게코를 입양하기 전에 분양 및 관리에 소요되는 전체적인 비용을 충분히 고려하는 것이 바람직하다. Jazium/CC BY

대부분의 초보사육자들이 놀라는 사항은 사육장과 장비가격이 개체의 분양가보다 훨씬 더 높다는 사실이다(매우 비싼 개체의 경우는 제외). 개체의 분양가는 시장의 상황에 따라 변동되겠지만, 일반적으로 크레스티드 게코 한 마리는 최소한 약 5만원 이상이며, 초기 사육환경과 각종 장비는 최소한 약 15만원 이상이 소요될 것이다. 교체장비와 먹이는 추가비용 및 지속적인 비용을 나타낸다.

크레스티드 게코를 사육하는 데 드는 비용은 주로 먹이구입비, 유지관리비 및 수의학적 치료비 등이 포함된다. 먹이비용이 세 가지 중 가장 큰 비중을 차지하지만, 비교적 일관성이 있고 어느 정도 예측이 가능하다. 일부 유지관리비용은 계산하기 쉽지만 장비 오작동 같은 것은 확실하게 예측할 수 없으며, 수의과 치료비용은 예측하기 어렵고 해마다 크게 달라질 수 있다.

먹이는 크레스티를 돌보면서 치러야 할 최대의 지속적인 비용이다. 연간 먹이비용을 합리적으로 추정하기 위해서는, 매년 크레스티에게 제공되는 급여횟수와 각각의 먹이비용을 고려해야 한다. 크레스티가 소비할 먹이의 양은 개체의 크기, 사육장의 평균기온, 개체의 건강을 포함한 수많은 요인에 따라 달라질 수 있으며 사육자가 의도한 식습관에 따라 달라질 수도 있다.

크레스티드 게코를 기르기 위해서는 분양 및 사육환경 조성을 위한 초기비용뿐만 아니라 입양 후 실질적으로 관리하는 데 필요한 모든 비용을 염두에 두고 계획을 짜야 한다.

처음 질병에 걸렸을 때 수의사의 조언을 구해야 하겠지만, 건강한 크레스티드 게코를 아무 이유 없이 수의사에게 데려가는 것은 현명하지 않다. 크레스티는 다른 반려동물들처럼 검진이나 연간 예방접종을 필요로 하지 않으므로 병에 걸리지 않는 한 수의과 비용이 발생하지 않아야 한다. 하지만 수의과 치료가 필요한 경우가 생길 수 있고 비용 또한 매우 비싸다. 기본적인 검사나 전화상담 외에도, 엑스레이 또는 다른 진단검사를 수행해야 할 수도 있다. 이에 비춰 현명한 사육자들은 비상시의 수의과 비용을 충당하기 위해 매년 일정 비율의 예산을 책정한다.

일상적인 비용과 예기치 않은 유지관리비용을 모두 계획하는 것이 중요하다. 종이타월, 소독제, 상토와 같이 일반적으로 사용되는 품목은 계산하기 쉽다. 하지만 한 해에 얼마나 많은 전구를 교체해야 하는지, 분무장치나 온도조절장치의 고장으로 인해 소요되는 비용은 얼마나 발생할 것인지 예측하기란 쉽지 않다. 크레스티드 게코를 간단한 사육장에서 관리하는 사람들은 비용이 적게 들겠지만, 정교한 서식 환경을 유지하는 사람들은 매년 고가의 비용을 지출하게 될 수 있다. 전구, 종이타월, 소독제 등과 같이 자주 사용하는 용품을 대량으로 구입해 최대한 절약하도록 하고, 파충류 관련 커뮤니티 등을 이용하는 것도 유익할 것이다.

야행성이라는 성향

크레스티드 게코는 야행성 동물이다. 가끔 눈에 띄기도 하겠지만, 대개 숨어서 지내며 어두워진 후에 먹이를 찾고 짝을 찾아 나선다. 크레스티가 낮 동안 숨어 지내기 위해서는 은신처가 필요한데, 관찰을 목적으로 은신처를 제공하지 않는 것은 스트레스를 유발하고, 이는 건강에 악영향을 초래할 수 있다. 낮 시간 동안 관찰이 가능한 도마뱀을 기르고 싶다면, 크레스티드 게코는 좋은 후보가 아니다.

가족구성원의 인지

크레스티드 게코는 비교적 온순하고 느린 편이지만 움직임을 예측할 수 없다는 점을 가족구성원 모두가 인지하고 있어야 한다. 사육자의 손에 침착하게 앉아 있다가 갑작스럽게 뛰어내리기도 하고, 천천히 움직이는 것처럼 보이지만 갑자기 튀어 사육자의 손이 닿지 않는 틈새로 재빠르게 사라질 수도 있다. 또한, 크레스티의 꼬리는 쉽게 끊어지므로 꼬리를 들거나 꼬리를 제지해서는 안 된다는 점도 잊지 말아야 한다. 많은 경우 꼬리 없는 크레스티드 게코의 외관은 꼬리가 제대로 있는 개체에 비해 덜 매력적이다. 크레스티의 손실된 꼬리는 다른 도마뱀 종에서처럼 재생되지 않기 때문에 일단 꼬리가 손실된 크레스티의 가치는 떨어진다.

또한, 어린아이들에게 크레스티드 게코를 핸들링할 수 있도록 허용할 경우 항상 어른의 감독을 받아야 한다는 점을 기억하자. 비록 크레스티드 게코는 어떻게 행동하는지를 배운 후에 안전하게 다룰 수 있지만, 레오파드 게코나 비어디드 드래곤과 같이 더 흔하게 구할 수 있는 다른 종들처럼 관용적이고 튼튼한 것은 아니다.

좀처럼 물지 않으나, 성이 난 크레스티는 스트레스를 받기 쉬우므로 건강의 저하를 초래할 수 있다는 것도 염두에 둬야 한다.

관상용 반려도마뱀

크레스티는 될 수 있으면 핸들링을 피하고 관상용 동물로 두는 것이 가장 좋다. 크레스티는 과시용으로 기른다거나 아무때나 꺼내서 데리고 놀 수 있는 동물이 아니다. 어떤 사람들은 자신의 크레스티를 붙잡았을 때 도망가지 않는다고 해서 '주인을 좋아한다'거나 '핸들링하는 것을 좋아한다'고 생각하는데, 크레스티의 경우 개와 고양이처럼 주인과의 유대관계가 없기 때문에 이 말은 맞지 않다. 크레스티가 불편함을 나타내지 않는다고 해서 핸들링과 같은 스트레스를 받는 상황에 크게 영향을 받지 않는다는 것은 아니다.

크레스티는 될 수 있으면 핸들링을 피하고 관상용 동물로 두는 것이 가장 좋다.

다른 반려도마뱀과의 관계

크레스티드 게코가 있는 사육장에 다른 종류의 파충류를 합사하지 않는 것이 가장 좋다. 합사를 하게 되면 합사된 개체들에게 스트레스를 주고, 먹이를 얻기 위한 경쟁이 일어날 가능성이 있으며, 한 개체가 다른 개체를 잡아먹거나 다치게 할 수도 있다. 보통 같은 사육장에 합사된 두 마리의 도마뱀에게 완전히 다른 요구조건을 모두 충족시켜 준다는 것은 불가능하다. 만약 서로 다른 종을 합사하려는 이유가 단순히 사육장을 추가로 구입하고 싶지 않다거나 구입할 여력이 안 되기 때문이라면(공간이 모자라는 등), 새로운 개체의 입양을 재고하는 것이 바람직하다.

03
section

크레스티드 게코의
선택기준

크레스티드 게코를 선택할 때 가장 중요한 것은 건강한 개체를 찾는 것이다. 비쩍 마르고 건강이 좋지 않은 개체를 보고 '구해줘야겠다'는 양심의 함정에 빠지지 않도록 주의해야 한다. 결국 마음만 아프고 시간과 돈을 모두 낭비하는 결과를 초래하게 되며, 이미 다른 파충류를 기르고 있는 경우 새로 들인 병약한 개체에게서 질병이 전염될 수 있다. 크레스티의 선택 시 고려해야 할 사항은 다음과 같다.

성별의 선택

가장 먼저 원하는 성별을 선택한다. 사육하에서 생산되는 크레스티드 게코의 성비는 50:50에 가깝다. 전문브리더들은 그들이 관리하는 그룹의 수컷 대 암컷 비율을 1:5로 맞추려고 하기 때문에 현재 반려동물 숍에 공급되는 개체는 대부분 브리더들이 선별하고 '남는' 수컷이다. 이러한 상황은 이후 개체 수가 늘어나면서 변할 가능성이 크다. 수컷 크레스티드 게코는 보통 반려동물로서 좋은 선택이 된다. 암컷

의 경우 가끔 성성숙에 도달했을 때 몇 가지 문제(배란문제, 무정란 등)가 발생할 수 있다. 성성숙에 도달했을 때 수컷은 암컷을 차지하기 위해 서로 싸우고 경쟁하며, 이 과정에서 상처를 입고 꼬리가 손실될 수 있다. 이를 방지하기 위해 사육장 한 개 당 수컷은 한 마리만 수용하는 것이 좋다. 일반적으로 성체 크레스티의 경우 암수 한 쌍 또는 암수 비율을 5:1로 맞추는 것이 가장 좋다.

1. 주버나일 개체의 항문 **2.** 크레스티드 게코 어린 수컷의 서혜인공

사육 마릿수의 선택

성별을 결정했으면 그 다음은 몇 마리를 사육할 것인지 정한다. 한 마리만 단독으로 길러도 좋다. 크레스티드 게코는 상대적으로 사회성이 좋은 종이기 때문에 넓은 사육장에서 사육할 때 대부분 서로 가까이 붙어서 시간을 보내는 것을 좋아하며, 이는 수컷끼리 있을 때도 마찬가지다(번식기에는 조심해야 한다). 그러나 크레스티드 게코는 특히 주버나일과 아성체 시기에는 크기에 따라 분리하는 것이 좋다. 큰 개체는 작은 개체와 경쟁하게 되며, 배가 고플 경우 작은 개체의 꼬리를 먹기도 한다. 크기 차이가 심한 개체의 경우 큰 개체가 작은 개체를 잡아먹을 수도 있다.

야생개체

야생 크레스티드 게코의 수입은 적절한 허가절차를 통해야만 합법적으로 이뤄질 수 있으며(수입 자체는 어렵지 않으나 원산지에서 합법적으로 수출하는 것이 어렵다), 일반적으로 반려동물 거래를 위한 것이 아니라 과학적 목적을 위해 이뤄진다. 몇몇 종에서 밀수행위가 분명히 발생했지만 결코 지지돼서는 안 되며, 야생채집된 개체는 원천에 관계없이 절대로 받아들이지 않는 것이 바람직하다. 불법의 여지가 있다는 사실

외에도, 야생에서 채집된 개체는 기생충을 보유하고 있을 가능성이 크고, 많은 개체들이 포획과 수송으로 인한 스트레스를 받은 후 인위적인 사육환경에 적응하지 못한다는 점을 고려해야 한다. 크레스티는 유전적 다양성이 충분해 사육하에서 인공번식이 활발하게 이뤄지므로 더 이상의 야생개체를 수입할 필요가 없는 종이다.

야생에서 대부분의 크레스티 성체는 꼬리가 없는데, 크레 성체에 있어서는 꼬리가 없는 것이 일반적인 경우로 보인다. 야생에서는 포식자와의 접촉이나 같은 종끼리의 상호작용으로 꼬리를 잃을 수도 있다.

건강한 개체의 선택

건강한 개체를 선별하기 위해서는 우선 관심 있는 개체를 핸들링해 보는 것이 좋다. 건강한 크레스티는 핸들링할 때 활동적으로 움직이는데, 보통 손 위에서 가만히 누워 있는 개체보다는 활발하게 움직이는 개체가 더 선호된다. 도마뱀의 경우 수동적인 성향을 보이면 온순하다고 오해할 수도 있는데, 사실 이는 질병의 징후일 수 있으므로 주의해야 한다. 자신의 매력을 과시하는 개체를 선택하도록 하자.

핸들링을 하고 나서 뼈를 관찰하고 만져봐야 한다. 건강한 크레스티드 게코는 몸의 윤곽을 관찰했을 때 뼈가 잘 드러나지 않고 완만한 모양을 보인다. 다시 말해 갈비뼈, 척추, 엉덩이뼈의 윤곽이 두드러져서는 안 된다는 의미다. 꼬리가 손실됐거나 골반뼈가 아주 약간 구부러지는 현상은 건강문제와는 크게 관련이 없다. 야생의 크레스티드 게코 성체는 보통 꼬리가 손실돼 있다는 점을 기억하도록 하자.

다음으로 머리를 살펴봐야 한다. 눈은 탁하지 않고 깨끗해야 하며, 양쪽의 크기가 달라서는 안 된다. 유별나게 크거나 작아도 좋지 않으며, 튀어나오거나 들어가도 안 된다. 턱은 위아래가 제대로 맞물려야 하며, 부정교합이 있는 개체는 피하는 것이 좋다. 발가락이 전부 붙어 있는지도 확인해야 한다. 한두 개 정도는 없어도 건강에 큰 영향을 미치지 않지만, 세 개 이상 없다면 기어오르는 데 어려움이 있을 수 있다. 또 예방차원에서 항문을 살펴보는 것도 필요하다. 시중에서 분양되는 대부분의 크레스티드 게코는 건강하며, 항문 주위가 붉고 깨끗하다. 항문 주위에 대변이 얼룩져 있거나 딱딱하고 돌출된 부분이 있는 경우 기생충감염이나 위장병의 징후이며, 이런 징후를 보이는 개체는 항상 피해야 한다.

크레스티드 게코의 입양

자신에게 맞는 기준을 세우고 건강한 개체의 선별방법을 배웠다면 이제 크레스티를 입양할 차례다. 크레스티를 입양하기 전에 사육장과 필요한 모든 사육용품을 미리 준비해야 하며, 대부분의 용품은 파충류 숍에서 쉽게 구입할 수 있다. 적절한 먹이를 미리 확보해 놓는 것도 중요하다. 일단 적절한 장소에 사육장을 설치하고 믿을 만한 먹이공급처를 확보하고 나면, 이제 새로운 개체를 찾을 수 있다.

처음 크레스티드 게코를 구할 때는 가능한 한 여러 경로를 찾아보는 것이 좋다. 입양하고자 하는 크레스티의 건강상태는 분양자 및 크레스티가 생활하는 환경조건에 따라 달라진다. 반려동물 숍에서 입양하는 경우 직원들이 파충류를 돌보는 데 필요한 적절한 지식을 갖추고 있는지 확인한다. 반려파충류의 인기가 점점 높아지고 있는 추세임에도 불구하고, 많은 반려동물 숍 직원들은 여전히 모든 종류의 파충류에 대한 요구사항을 알지는 못한다. 제대로 보살핌을 받지 못한 크레스티는 스트레스 상태에 놓이게 될 것이고, 이러한 개체를 입양할 경우 적절한 치료를 받고 난 후에도 계속해서 악화되고 다른 건강상의 문제를 일으킬 수도 있다.

반려동물 숍에서 부적절하게 보살핀 파충류를 회복시키는 것은 보람 있는 일이지만, 안타깝게도 파충류의 건강문제를 진단하고 치료하는 것에 대한 지식이 없으면 결코 쉽지 않은 일이다. 물론 훌륭한 파충류용품과 지식을 갖춘 평판 좋은 반려동물 숍들이 있으므로 그러한 숍을 통해 우수한 개체를 얻을 수 있을 것이다.

반려동물 숍 외에도, 건강한 개체를 보유한 많은 파충류 전문 브리더들이 있다. 일부는 크레스티드 게코를 전문으로 하는데, 이러한 브리더들로부터 좀 더 다양한 색상과 연령대의 개체를 분양받을 수 있다. 어떤 브리더는 관리의 부담을 피하기 위

크레스티드 게코를 구할 수 있는 경로는 여러 가지가 있으므로 자신에게 맞는 적절한 방법을 선택하면 된다.

해 갓 부화한 개체를 분양하는 반면, 어떤 브리더는 일정 기간 동안 관리한 후 분양하는 것을 선호한다. 후자의 경우 개체의 건강상태가 양호하고 먹이급여도 원활하므로 갓 부화한 크레스티를 입양하는 것보다 바람직하다. 건강한 크레스티드 게코를 얻을 수 있는 또 다른 경로는 파충류 박람회를 이용하는 것이다. 박람회를 이용할 경우 선택의 폭이 넓고, 유용한 조언을 얻을 수도 있다. 동시에 다양한 공급업체를 비교하며 쇼핑할 수 있는 편리한 방법이다(국내에서도 해마다 렙타일쇼가 개최된다).

온라인 쇼핑몰을 이용할 수도 있는데, 많은 브리더들이 웹사이트를 통해 현재 보유한 개체들의 상세한 정보를 제공하고 있으므로 자신이 좋아하는 크레스티를 선택할 수 있다. 크레스티드 게코 애호가들이 모여 만든 커뮤니티들도 있으며, 이러한 커뮤니티를 이용하면 좋은 개체에 대한 정보를 제공받을 수 있을 것이다.

입양할 때는 살아 있는 생물이므로 직접 데려오는 것이 가장 좋은 방법이며, 여의치 않아 온라인을 이용할 경우 주의를 요한다. 파충류를 포장한 패키지가 치명적일 수 있는 다양한 온도에 노출될 가능성이 있으므로 판매자가 살아 있는 파충류의 적절한 운반 및 이동방법에 대해 숙지하고 있는지 확인해야 한다.

크레스티드 게코
사육 시 주의할 점

크레스티드 게코를 선별해 적절한 개체를 분양받았다면 이제 본격적으로 사육을 시작할 때다. 여러 번 언급했듯이, 크레스티는 상대적으로 관리가 수월한 종이기 때문에 몇 가지 사항만 주의하면 큰 어려움 없이 건강하게 기를 수 있을 것이다.

핸들링

크레스티드 게코를 핸들링하는 가장 좋은 방법은, 물리적으로 구속하지 않고 사육자의 손과 팔 위를 자유롭게 걸을 수 있도록 유도하는 것이다. 크레스티를 핸들링했을 때 나타나는 반응 정도는 개체마다 다르다. 손 위에서 머뭇거리거나 천천히 팔 쪽으로 기어오르는 개체가 있는 반면, 잡자마자 점프해 도망가려는 개체도 있을 것이다. 큰 개체의 경우 손이나 팔 위로 올려서 자유롭게 움직이도록 가만히 놔둬보면, 크레스티가 핸들링에 어떻게 반응하는지 감을 잡을 수 있을 것이다.

핸들링할 때는 힘을 주어 꽉 잡아서는 안 되며, 손을 느슨하게 쥐어 손가락 사이의 간격을 띄워서 터널처럼 공간을 만들어야 한다. 개체가 못 움직이게 구속하는 것

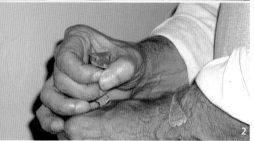

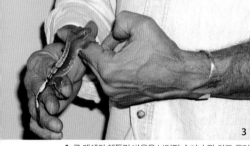

1. 큰 개체의 핸들링 반응을 보려면 손이나 팔 위로 올려서 자유롭게 돌아다닐 수 있도록 해주면 된다. 2. 손을 헐겁게 쥐어 손가락 사이의 간격을 띄워서 터널을 만드는 방식으로 크레스티드 게코를 잡도록 한다. 3. 핸드워킹 과정을 거치면 불안해하던 크레스티도 손에서 손으로 걷거나 뛰어다닐 수 있다.

이 아니라 손에서 손으로 자연스럽게 움직일 수 있도록 해주는 것이다. 그러나 자세히 살펴봐야 할 필요가 있을 경우에는 부드럽게 잡되 빠져나가지 못하도록 단단하게 붙잡아야 할 수도 있다.

크레스티드 게코나 다른 게코 종의 경우 사육자가 손으로 잡았을 때 도피반응(flight reaction; 자극을 받았을 때 움츠리는 행동. 피하는 반응)을 보이는데, 아래와 같은 '핸드워킹(hand-walking)' 과정을 거쳐 에너지를 소모하게 만들면 흥분을 가라앉히는 데 도움이 된다. 먼저 한 손은 크레스티를 느슨하게 잡고, 다른 손은 크레스티의 눈 위치보다 약간 위에 둬서 기어오르게끔 한다. 손을 바꿔가면서 이 과정을 반복하면 크레가 손에서 손으로 걷거나 뛰어다니는 모습을 볼 수 있다.

크레스티드 게코를 잡으려면 턱 밑에 손가락 하나(또는 개체가 크면 두 개)를 밀어 넣는다. 위쪽으로 부드럽게 힘을 주면 보통 사육자의 손이나 손가락 위로 움직이기 시작할 것이다. 계속 부드럽게 들어올리면 마치 나무에 오르듯이 사육자의 팔 위로 바로 다가가는 모습을 볼 수 있다. 크레스티가 스트레스의 징후를 보이지 않는다면, 5분에서 10분 동안 손 위에서 돌아다니도록 허용할 수 있다. 10분 이상 핸들링을 하면 스트레스를 유발할 수 있고, 사람의 체온에 의해 크레의 체온이 너무 높아질 수 있으므로 삼가야 한다.

사육장 청소 등 유지관리를 수행해야 하는 경우 사육자가 필요한 일을 하는 동안 크레스티를 임시 사육장에 옮겨두는 것이 현명하다. 작업을 마치고 사육장에 되돌려보낼 때는, 크레스티를 횃대나 사육장 벽 가까이 가게끔 움직이도록 만들어서 스스로 횃대 위로 기어 올라가도록 해주는 것이 좋다.

크레스티를 손 안으로 들어오게 하거나 손에서 옮길 때는 항상 인내심을 가져야 하며, 움직임을 강제하기보다는 크레스티 스스로 움직일 수 있도록 유도하는 것이 바람직하다. 이때 발이나 꼬리를 가볍게 간지럽히면 더 빨리 움직이도록 자극할 수 있다. 핸들링을 할 때는 꼬리가 끊어지는 일이 발

크레스티드 게코를 핸들링할 때는 물리적으로 강제하지 말고 크레스티가 스스로 움직일 수 있도록 자연스럽게 유도하는 것이 바람직하다.

생하지 않도록 세심하게 주의를 기울여야 하는데, 크레스티의 꼬리는 사소한 자극에도 쉽게 끊어지게 되므로 꼬리를 잡거나 접촉하는 것은 가급적 피해야 한다.

격리/검역

한두 마리의 크레스티를 처음 입양해 사육하고자 하는 경우라면 굳이 격리과정을 거칠 필요는 없다. 하지만 기존에 사육하던 개체들이 있는 사육장에 새로운 개체를 추가로 들이는 경우라면 반드시 격리과정을 거쳐야 한다. 크레스티드 게코는 일반적으로 튼튼하고 건강하지만, 다른 종으로부터 병원균이 옮을 수 있는 가능성은 늘 존재한다. 전문브리더는 여러 종류의 도마뱀을 함께 사육하는 경우가 많으며, 반려동물 숍 역시 다른 종의 사육장에 합사해 관리하는 경우도 있으므로 새로 들인 크레스티에게 질병이 있을 가능성을 무시해서는 안 된다. 격리는 새로운 개체를 사육환경에 투입하기 전에 건강상태를 확인할 수 있는 필수과정이다.

크레스티를 추가로 들이는 경우 반드시 일정기간의 격리과정을 거치는 것이 중요하다.

격리를 위한 사육장은 자연에 가까운 환경을 조성해 주기보다는 기본적인 장비만으로 세팅하는 것이 좋다. 30~60일 정도의 격리기간 동안 체중변화가 있는지, 먹이를 규칙적으로 섭취하는지, 대변의 색이 정상이고 별다른 변화가 나타나지는 않는지 확인해야 한다. 대규모 그룹으로 파충류를 기르는 브리더라면 이 기간에 수의사를 통해 대변검사를 하고 기생충감염 여부를 확인해도 좋다.

물렸을 경우

크레스티드 게코가 무는 경우는 드물지만, 혹시라도 물었을 때는 손가락으로 꼬집는 것과 같은 수준이고 심각한 손상을 입히지는 않는다. 그러나 항상 물 수도 있다는 가능성에 대비해야 하고, 물렸을 때 취해야 할 최선의 행동방침을 숙지해야 한다.

일반적으로 사육자를 문 다음 겁을 먹은(사육자의 손가락에 과일즙 등이 묻어 있어 실수로 물었을 경우 등) 크레스티드 게코는 문 부분을 즉시 놔줄 것이다. 만약 물고 있는 입을 빨리 풀지 않으면, 사육장으로 옮겨서 발을 횃대에 올려놓으면 된다. 보통 탈출할 수 있다고 느끼면 금세 놔줄 것이다. 이러한 방법이 효과가 없는 경우, 흐르는 물에 손을 대고 있으면 보통은 빨리 놓게 된다. 물린 곳은 비누와 따뜻한 물로 씻고, 만약 피부가 손상됐다면 의사에게 문의하도록 한다.

이동

가능한 한 크레스티드 게코와 함께하는 불필요한 여행을 피하도록 노력해야 하겠지만, 상황에 따라서는 필요한 경우가 생길 수도 있다(동물병원을 방문해야 할 경우 등). 이런 경우는 크레스티가 최대한 스트레스를 받지 않는 여행이 되도록 세심하게 신경을 써야 한다. 이는 가능한 한 스트레스를 유발하는 자극을 미연에 차단하는 것뿐만 아니라 크레스티를 신체적 해로움으로부터 적극 보호하는 것을 의미한다.

크레스티를 이동시킬 때 사용하는 가장 좋은 도구는 플라스틱 보관용기다. 환기가 적절하게 이뤄지도록 하기 위해 플라스틱 용기에 환기 구멍을 여러 개 뚫어주는 것이 좋다. 이동하는 동안 크레스티가 숨을 수 있고 안전하다고 느낄 수 있도록 종이타월 심지를 몇 개 넣어주면 좋다. 크레스티가 배변을 하거나 요산을 배출할 경우 수분을 흡수할 수 있도록 용기바닥에 종이타월 또는

크레스티와 함께 여행을 해야 할 경우 스트레스를 받지 않도록 최대한 주의를 기울여야 한다.

깨끗한 신문지를 깔아두면 좋다. 크레스티를 규칙적으로 관찰하되 용기를 끊임없이 여는 것은 피해야 하며, 30분 정도마다 한 번씩 열어 확인하는 것으로 충분하다. 이동 중에는 용기의 온도에도 각별히 신경을 써야 하는데, 디지털 온도계를 사용해 용기 내부 공기의 온도를 모니터하도록 한다. 크레스티가 편안하게 지낼 수 있도록 21℃에서 23℃ 사이의 낮은 온도를 유지하도록 하며, 필요에 따라 차량의 에어컨이나 히터를 사용해 이 범위 이내로 온도를 유지하는 것이 바람직하다.

여행 중에 용기를 최대한 안정적으로 유지하는 것도 중요하다. 크레스티를 불필요하게 움직이지 말고, 용기를 옮길 때는 항상 부드럽게 다루도록 한다. 용기를 방치하지 않도록 주의를 기울여야 하며, 대중교통수단을 이용해 크레스티를 이동시키는 경우는 열 환경을 통제할 수 없기 때문에 바람직하지 않다.

위생

파충류는 살모넬라균(*Salmonella spp.*), 대장균(*Escherichia coli*) 및 여러 가지 다른 동

크레스티드 게코를 다루고 난 후에는 항상 손을 깨끗히 씻어야 각종 병원균에 감염될 가능성을 차단할 수 있다.

물병원균을 옮길 수 있다. 따라서 파충류를 다룰 때는 반드시 올바른 위생습관을 들이는 것이 좋다. 크레스티, 크레스티의 사육장 또는 사육장 내의 여러 가지 용품들, 관리도구들을 만질 때마다 항상 비누와 따뜻한 물로 손을 깨끗하게 씻도록 한다. 이때 항균성 비누가 선호되지만, 일반적인 비누를 사용해도 충분하다.

손을 깨끗이 관리하는 것 외에도, 주위 환경이 병원균에 오염되지 않도록 조치를 취해야 한다. 일반적으로 크레스티드 게코와 크레스티의 사육장을 관리하기 위해 사용하는 도구 및 장비를 사람이 사용하는 물품과 분리 보관해야 한다. 크레스티의 먹이를 준비하고, 장비를 보관하고, 사육장을 청소하기 위한 안전한 장소를 마련하자. 이러한 장소는 사람이 먹을 음식을 준비하는 장소와 멀리 떨어져 있어야 한다. 사람이 사용하는 주방이나 욕실에서 사육장이나 사육용품을 세척하지 않도록 하며, 크레스티나 크레스티의 사육장에서 나온 세균에 의해 오염된 모든 물품은 항상 깨끗이 청소하고 철저하게 살균하도록 한다.

Chapter 03

크레스티드 게코
사육장의 조성

크레스티드 게코를 기르는 데 꼭 필요한 사육
장과 바닥재 등에 대해 살펴보고, 사육장 환경
조성에 필요한 기타 용품들에 대해 알아본다.

01
section

사육장 조성에
필요한 용품

크레스티드 게코에게 적절한 사육환경을 제공하기 위해서는 그들이 서식하는 야생환경의 다양한 기능적 측면을 구현해 줘야 한다. 이를 위해서는 사육장을 비롯해 바닥재, 열원, 케이지 퍼니처(살아 있는 식물, 은신처, 등반을 위한 횃대 등) 등을 구비해야 하며 정확한 온열환경, 적절한 온·습도 등이 제공돼야 한다. 사육에 필요한 모든 용품들은 크레스티를 분양받기 전에 미리 준비해 두는 것이 중요하다. 이번 섹션에서는 크레스티를 기르는 데 필요한 용품에 대해 알아본다.

사육장

자신이 기르는 동물에게 적절한 주거공간을 제공하는 것은 사육관리에 있어서 필수적인 사항이다. 사육자가 제공하는 주거환경은 곧 크레스티드 게코의 유일한 세계가 된다. 따라서 사육자는 자신의 크레스티가 건강하고 쾌적한 삶을 살아갈 수 있도록 최적의 환경을 제공하기 위해 노력해야 한다.

적절한 사육환경을 제공하기 위해서는 야생서식지의 다양한 기능적 측면을 구현해 줘야 한다. Florence Ivy/CC BY-ND

크레스티드 게코가 건강하게 지낼 수 있도록 하기 위해서는 적절한 크기의 사육장이 필요하다. 일부 사육자들은 매우 작은 용기에 크레스티를 기르기도 하는데, 최소한 30x30x40(cm) 크기의 사육장을 준비하는 것이 좋다. 이상적으로는 각 성체 당 180~360㎠의 바닥공간을 가진 사육장이 좋으며, 해츨링과 주버나일의 경우 성체보다는 작은 공간을 필요로 한다. 크레스티는 수직공간을 좋아하므로 높이가 60cm 정도 되는 사육장을 선택하면 더욱 좋다. 크레스티드 게코는 수상성(樹上性, tree-dweller)이기 때문에 본질적으로 등반이 가능한 높이의 사육장을 선호한다는 것을 염두에 두는 것이 중요하다. 등반할 수 있을 만큼의 높이와 더불어 낮에는 숨을 수 있는 구역이 충분한 사육장이라면 비교적 잘 지낼 수 있을 것이다.

사육장의 유형은 사육목적과 환경적 여건에 따라 다양하게 선택할 수 있다. 뚜껑 달린 리빙 박스처럼 단순한 것일 수도 있고, 살아 있는 식물과 폭포 등을 이용해 자연에 가깝도록 정교하게 꾸며준 비바리움이 될 수도 있다. 여러분이 선택한 사육장이 어떠한 유형이든 상관없이 중요한 것은, 크레스티가 탈출할 수 없도록 필요한 조치를 취하고, 환기가 원활하게 이뤄지고 적절한 온·습도를 유지하도록 잘 관리하는 것이다. 또한, 충분한 활동공간과 은신처영역을 제공해야 하며, 사육자의 입장에서는 먹이를 공급할 때나 청소를 할 때 쉽게 접근할 수 있어야 한다.

■ **유리수조 사육장** : 사육의 주목적이 크레의 행동을 관찰하면서 즐거움을 얻는 것이라면, 상단이 철망문으로 돼 있거나 전면이 유리문으로 된 대형 유리(또는 플라스틱) 사육장이 가장 좋은 선택이다. 이러한 사육장은 깔끔하고 내부를 관찰하기도 쉬워서 전시목적에 적합하다. 날씨가 건조한 지역이거나 에어컨이 있는 공간에서는, 이처럼 옆면이 막힌 사육장을 이용하면 습기를 흡수하고 증발률을 떨어뜨리는 효과가 있기 때문에 습도유지에 상당한 도움이 된다.

위쪽에 문이 달린 사육장은 몇 가지 단점이 있다. 문을 열고 닫기 위해서는 사육장 앞이나 뒤쪽에 여유 공간이 필요하며, 열 때마다 조명기구를 다른 곳으로 옮겨야 할 수도 있다. 또한, 크레스티드 게코는 겁을 먹으면 위로 이동하는 경우가 많기 때문에 문을 열었을 때 탈출할 가능성이 있다.

일반적으로 전면개방형 사육장은 상단개방형 사육장보다 비싸지만, 내부영역에 쉽게 접근할 수 있다는 점을 포함해 많은 장점이 있기 때문에 효용성 측면에서 본다면 추가비용을 지불하더라도 그만큼 구매할 가치가 있다. 대형 사육장 및 위쪽에 여러 개의 조명기구를 설치하는 경우 특히 유용

1. 지금까지 파충류 사육장 중 가장 많이 팔린 종류는 위쪽으로 여닫는 유리 사육장이다. 가격이 합리적이고 어떤 방향에서도 내부를 잘 관찰할 수 있다. 상단은 철망으로 돼 있어 환기가 잘 된다. **2.** 경우에 따라 윗면과 앞면 모두에 문이 장착된 유리 사육장을 주문 제작할 수 있다. 이러한 사육장은 내부에 쉽게 접근할 수 있으므로 관리가 편하며, 선반에 두고 관리하면 공간을 효율적으로 이용할 수 있다.

사육장의 위치

사육장을 창문 근처나 직사광선이 비치는 곳에 두는 것은 피하도록 한다. 짧은 시간 동안이라도 창문으로 비쳐 들어오는 태양광은 사육장의 온도를 해로운 수준으로 상승시킬 수 있다. 태양광은 온도가 조절되는 큰 온실 등에서만 효율적으로 사용될 수 있다.

하다. 모든 면이 유리로 돼 있는 수조의 경우는 몹시 무겁고 파손되기 쉽다는 것이 주된 단점이다. 또한, 파충류보다는 물고기의 행동에 유리한 비율로 만들어진다.

유리수조 형태의 사육장을 선택할 때 일반적으로 60x30x40(가로x깊이x높이 cm) 크기(76L)면 성체 3마리 정도까지 기를 수 있으며 110L 크기면 더 좋다. 성체 한 마리의 경우는 30x30x40 크기의 사육장에 길러도 되며, 한 쌍은 적어도 45x30x40, 3마리는 60x30x40 크기에 기르는 것이 적당하다. 한 사육장에 합사한 개체 수가 많을수록 더 넓은 공간을 제공해야 한다. 장식이 주목적인 경우 큰 사육장을 선택하면 내부환경을 좀 더 아름답고 정교하게 꾸밀 수 있다. 이러한 사육장은 일반적으로 파충류용품 숍에서 카멜레온 사육장으로 판매되고 있다.

■파충류 전용 사육장 : 파충류 전용 사육장은 크레스티드 게코의 관리를 위한 최선의 선택이 될 수 있다. 전면이 개방되는 것이 특징이며, 보통 가볍고 튼튼한 플라스틱 또는 유리로 만들어진다. 전용사육장은 일반적으로 가장 비싼 선택지이지만, 추가비용을 상쇄하고도 남을 만큼 이점을 가지고 있다. 많은 전용사육장에는 내부에 조명설비가 갖춰져 있는데, 이 경우 장단점을 모두 갖추고 있다. 빛이나 열을 공급하는 편리한 장치를 제공할 수 있지만, 이것이 크레스티의 안전을 위협하는 요소가 될 수도 있다. 또한, 고정기구 주변의 균열된 틈새에 크레스티가 은신할 경우 사육자가 접근하기 어렵다는 것도 단점이 될 수 있다.

■플라스틱 용기 : 저렴하게 이용할 수 있는 사육장으로는 흔히 리빙 박스라고 불리는 투명한 플라스틱 보관용기를 들 수 있다. 리빙 박스는 다양한 스타일과 크기의 제품을 구할 수 있어 본인의 여건에 맞는 것을 고르면 된다. 크레스티가 탈출하지

못하도록 뚜껑이 안전하게 처리된 제품을 선택하는 것이 중요하다. 리빙 박스를 사용할 때는 측면에 환기 구멍을 뚫어줘야 하는데, 요즘은 파충류 사육에 맞춰서 미리 드릴로 공기 구멍을 뚫어놓은 리빙 박스를 판매하는 업체도 있다. 일부 전문브리더는 대규모 그룹을 유지하기 위해 레오파드 게코에 사용되는 시스템을 기반으로 크고 높은 플라스틱 저장용기를 이용한 '랙시스템(rack system)'을 채택한다.

플라스틱 보관용기를 사용할 때는 환기를 허용하고 곰팡이 발생을 줄이기 위해 드릴 또는 작은 납땜인두로 측면에 한두 줄의 구멍을 뚫어줘야 한다. 납땜인두를 사용해 구멍을 뚫을 때는 플라스틱 가스의 흡입 위험을 줄이기 위해 실외에서 작업하는 것이 바람직하다. 플라

1. 플라스틱 사육장은 크기가 다양하며, 새로 들인 개체 및 새끼를 격리하는 목적으로 쓰기에 이상적이다. 2. 플라스틱 리빙 박스는 최소 길이 60cm에 높이 25cm 이상이어야 한다.

스틱 보관용기에 대해 필자가 느끼는 불만은 가시성이 나빠서 크레스티를 잘 관찰할 수 없다는 점이다. 보관용기의 최소 크기는 길이 60cm, 높이 25cm여야 한다.

■**철망 사육장** : 번식을 목적으로 한 대규모 그룹 사육의 경우 대부분 철망 사육장을 선호하는데(요즘은 플라스틱 사육장을 사용하는 경우가 더 많은 것으로 보인다), 가볍고 적층이 가능하며 호스 끝에 스프레이 노즐을 꽂아 간편하게 청소할 수 있다는 장점이 있기 때문이다. 일부 브랜드는 플라스틱 틀 위로 미끄러지는 유연한 그물망을 가지고 있는데, 양쪽 끝에는 지퍼로 문이 고정돼 있다. 이러한 제품은 파충류 사육을 위해 특별히 제조된 것이며, 많은 반려동물 숍과 온라인 쇼핑몰에서 구할 수 있다.

한쪽 또는 양쪽 끝에 경첩과 걸쇠를 장착한 문과 알루미늄 프레임의 철망 창으로 구성된 사육장도 있다. 이러한 사육장은 사방이 막힌 사육장만큼 습도가 높게 유

지되지는 않으므로 건조한 환경에서는 더 규칙적으로 분무를 해줘야 하며, 매우 건조한 환경에서 사육하는 경우라면 사용하지 않는 것이 좋다. 철망 사육장은 기어오르기 좋아하는 크레의 습성과도 잘 맞는다. 단점은 내부를 정확하게 관찰하기 어렵고, 건조한 지역일 경우 습도를 높이는데 도움이 되지 않는다는 것이다.

크레스티드 게코를 대규모로 사육하는 브리더들은 보통 철망 사육장을 적층해서 관리한다. 전문브리더는 생명의 존엄성을 해치지 않는 선에서 최소한의 공간에 최대한 많은 수의 동물을 최소한의 노동력과 비용을 투자해 사육하는 것이 주목적이다. 단가가 낮은 종의 상업 브리더로 성공하려면 숫자에 능해야 하기 때문에 1㎡의 공간과 1kw의 전기로 얼마나 많은 개체를 생산할 수 있을지를 염두에 둔다.

크레스티드 게코를 반려동물로 기르는 사육자들 중에는 전문브리더와 대부분의 반려동물용품 숍에서 사용되는 사육시스템을 그대로 적용하는 경우가 많다. 이러한 시스템을 적용할 경우 개체가 생명을 유지

1. 전면개방형 철망 사육장은 대규모 그룹 사육에 적합하다. 사진의 사육장은 바닥과 양쪽 측면이 플라스틱으로 돼 있으며 위아래로 다른 사육장을 쌓을 수 있다. 2. 철망 사육장을 적층하는 방식은 많은 수를 사육하는 브리더가 사용한다.

하고 번식할 수는 있지만, 크레스티드 게코의 자연스러운 행동을 관찰하는 즐거움은 대부분 포기해야 한다. 따라서 크레스티드 게코 사육을 온전히 즐기고 싶다면, 자연환경과 유사한 비바리움에서 사육하는 것이 가장 바람직한 방법이다.

■**목재 사육장** : 유리 패널이 달린 목재 사육장을 주문 제작해 사용하는 경우도 있는데, 목재 사육장은 그다지 권장되지 않는다. 폴리우레탄을 이용해 목재를 밀봉한다 해도, 크레스티드 게코가 필요로 하는 습도를 제공하는 환경은 나무를 휘어지게 만들기 때문에 사육장의 외양이 왜곡되기 마련이다. 크레스티드 게코는 종종 사육장 벽에 배설하기도 하는데, 이를 청소하기 위해 폴리우레탄으로 코팅된 목재를 정기적으로 문지르게 되면 표면이 긁히거나 나무가 마모될 수 있다.

바닥재

바닥재는 크레스티드 게코를 비롯한 파충류를 사육할 때 사육자들 사이에서 의견이 분분한 용품이다. 어떤 사육자들은 바닥재를 사용하는 것을 선호하는 반면, 어떤 사육자들은 사육장 바닥에 아무것도 깔지 않은 형태를 선호하기도 한다. 크레스티에 있어서 사용할 수 있는 바닥재는 여러 가지가 있으며, 각각 장단점이 있으므로 사육자의 취향과 여건에 맞게 적절한 것을 선택하도록 하자.

■**배어 탱크**(bare tank) : 플라스틱이나 유리로 된 사육장을 사용할 경우 또는 사육장을 적층해서 사용할 경우 바닥재를 전혀 깔지 않고 관리하는 경우도 있는데, 이러한 방식을 배어 탱크 형태라고 한다. 크레스티드 게코가 먹이를 먹을 때 바닥재 일부를 무심코 섭취하는 경우가 생길 수 있는데, 배어 탱크를 사용할 때는 이러한 걱정을 하지 않아도 된다는 것이 주된 장점이라고 할 수 있다. 물론 먹이를 먹이그릇에 담아 제공할 경우에는 크레스티가 바닥재를 섭취할 가능성은 거의 없다.

바닥재를 사용하지 않으면 주기적으로 교체해야 할 일이 없고 비용도 덜 들겠지만, 사육장 바닥을 매일 청소해야 하기 때문에 유지관리 면에서는 더 많은 수고를 요한다고 볼 수 있다. 또한, 사육장에 분무를 할 경우 물이 사육장 바닥에 고이게 됨으로써 금세 지저분해지고 박테리아의 성장을 가속시킬 수 있다. 배어 탱크는 해츨링과 주버나일을 그룹으로 관리할 때 사용하기 적합한 방식이며, 어린 새끼가 바닥재를 섭취할 위험을 줄일 수 있다는 장점이 있다.

■**사이프러스 멀치**(cypress mulch) : 사이프러스 멀치(편백나무를 잘게 자른 것)는 크레스티에게 선호되는 바닥재다. 시각적으로도 보기 좋고 습기를 잘 유지할 뿐만 아니라 기분 좋은 나무향이 사육장의 냄새를 잡아준다. 사이프러스 멀치를 사용할 때는, 두꺼운 조각 대신 막대 모양의 멀치를 제조하는 업체도 있으므로 선택에 주의해야 한다. 날카로운 막대의 멀치는 사육자와 사육개체에게 부상을 입힐 수 있다.

사이프러스 멀치는 입자가 커서 상대적으로 임팩션의 위험이 낮지만, 먹이를 급여할 때는 항상 먹이그릇에 담아 제공하는 것이 좋겠다. 또한, 구석과 틈새가 많이 생겨 먹이곤충에게 숨을 곳을 제공하므로 주의를 요한다. 반려동물용품 숍뿐만 아니라 대부분의 원예용품점에서도 판매하고 있으며, 구입할 때는 100% 사이프러스 멀치가 들어 있는 제품인지 확인하도록 하자.

■**전나무 바크**(fir bark) : 전나무 바크는 난초 번식에 자주 사용되기 때문에 '난초 바크(orchid bark)'라고 부르기도 한다. 전나무 바크는 매우 매력적인 바닥재이며, 모양이 비교적 균일하고 크레스티가 섭취할 가능성이 크지 않다. 그러나 사용할 경우 먹

이는 먹이그릇에 담아 제공하는 것이 현명하다. 전나무 바크는 물을 매우 잘 흡수하기 때문에 크레스티처럼 높은 습도를 요구하는 종에 유용하다. 또한, 얼룩이 쉽게 눈에 띄므로 청결을 유지하기에도 용이하다.

■ **토양**(흙) : 크레스티드 게코에게 사용할 수 있는 또 다른 바닥재는 토양이다. 바닥재로 흙을 사용했을 때의 이점은 생체활동을 일으켜 크레스티의 배설물을 분해하는 효과를 볼 수 있다는 것이다. 유기토양제품을 구입해 사용하거나, 여러 가지 재료를 적절하게 섞어서 자신만의 토양 바닥재를 직접 만들 수도 있다. 토양 기반 바닥재를 구입할 때는 펄라이트, 거름, 비료, 전발효 제초제 또는 기타 첨가제가 함유된 제품은 피해야 한다.

먼저 피트 모스(peat moss)나 그라운드 바크처럼 알갱이가 굵은 유기물을 함유한 화분용

1. 바닥재를 넣기 전에 사육장 바닥에 루비망을 여러 겹 쌓아 배치해도 좋다. 2. 전나무 바크, 굵은 모래, 구운 점토, 구운 규조토 펠릿처럼 물이 쉽게 빠지는 자재들을 섞어 사용하면 흙이 잘 뭉치지 않아 통풍이 원활해진다.

흙을 준비한다. 이때 펄라이트(perlite)가 들어 있지 않은 것으로 골라야 한다. 펄라이트는 표면에 뜨는 경향이 있어 외관상 좋지 않으며, 이따금 크레스티가 섭취하는 경우가 발생한다. 배수에 도움이 되는 다른 재료와 섞어주면 흙이 뭉치지 않고 공기가 잘 통하는 환경을 만들 수 있다. 전나무 바크, 굵은 모래, 구운 점토(식물의 수경 재배에 사용하는 펠릿/하이드로볼 등), 구운 규조토 펠릿(이소라이트-Isolite) 등을 전체 부피의 10~15% 정도 섞어서 사용하면 흙이 다져지지 않고 통풍에도 도움이 된다.

비바리움 바닥에 최소 2.5cm 두께로 자갈이나 하이드로볼을 깔아 배수층을 설치한 다음, 토양형 바닥재를 부어넣는다. 바닥재의 무게가 부담스럽다면 플라스틱

으로 제조된 루바망을 여러 겹 쌓아 배치해도 무방하다. 토양층을 최소 3.8cm 두께로 바닥에 깔고, 촉촉하다는 느낌이 들 만큼만 물을 뿌려준다. 그런 다음 식물이나 장식품을 비바리움에 넣어 배치해도 좋다.

바닥재의 박테리아를 활성화시키기 위해서는 다음의 지침을 따르는 것이 좋다. 첫째, 매주 사육장 내부와 흙 위에 분무기로 물을 뿌려준다. 분무기로 물을 뿌려주면 배설물(대변과 소변)이 바닥으로 떨어지고, 바닥재가 촉촉해지는 효과를 볼 수 있다.

둘째, 커다란 포크 등의 도구를 이용해서 매주 바닥재를 전체 두께의 절반 정도 깊이까지 헤집어 준다. 바닥재를 헤집어 주면 배설물이 바닥재의 촉촉한 부분에 떨어지면서 미생물에 의해 분해된다. 헤집는 작업이 끝나면 종이타월을 여러 장 겹쳐서 바닥

1. 매주 사육장 내부에 분무기로 물을 뿌리고 플라스틱 포크와 같은 도구를 이용해 토양층을 전체 두께의 절반 정도 깊이로 헤집어 주면 바닥재에서 박테리아가 활성화되는 것을 유도할 수 있다. 2 흙을 다 섞었다면, 종이타월을 뭉쳐 가볍게 두드리면서 표면을 평평하게 만들어 준다.

재를 가볍게 두드려 평평하게 만들어 줘야 한다. 도구를 이용하지 않고 손으로 섞고 싶다면 고무장갑을 착용하거나 작업을 마치고 손을 깨끗이 씻도록 한다.

바닥재의 박테리아가 활성화되면(박테리아 외에도 많은 종의 미생물이 관여한다) 몇 년 동안은 바닥재 자체를 교체해 줄 필요가 없다. 또한, 바닥재의 습도를 일정하게 유지해 주면 냄새가 나지 않을뿐더러 오랜 시간 기능을 유지할 수 있다. 단, 습도가 지나치게 높아 질척거리는 일이 없도록 주의해야 한다.

■종이류 : 크레스티드 게코 사육장에 사용할 수 있는 종이류 바닥재로는 신문지, 종이타월(키친타월), 상업용 사육장 라이너 등을 들 수 있는데, 이러한 바닥재들은 배

어 탱크 형태와 동일한 이점을 가지고 있다. 오염되면 그때그때 제거하고 교체해 주면 되기 때문에 사육장 청소가 간편하다는 것이 장점이며, 전문브리더와 많은 수의 개체를 사육하는 사육자들이 주로 사용한다. 종이류 바닥재를 사용할 때는 먹이곤충에게 숨을 수 있는 장소가 많이 생기게 되므로, 바닥재 밑을 정기적으로 확인해서 숨어 있는 먹이곤충을 제거해 줘야 한다.

열원

크레스티드 게코의 사육환경을 적절한 온도범위 내에서 유지하기 위해 사용할 수 있는 열원은 여러 가지가 있다. 특이사항을 신중하게 고려해서 여러분과 여러분의 크레스티 모두에게 가장 적합한 열원을 선택하도록 하자.

■**히팅 램프**(heating lamp) : 히팅 램프는 크레스티드 게코에게 열을 공급하는 가장 좋은 열원이다. 반사기 돔과 백열전구로 구성되는데, 전구는 (빛 외에) 열을 발생시키고 금속 반사기 돔은 열을 사육장 내부의 한곳으로 모은다. 히팅 램프를 사용할 때는 램프를 안정된 닻이나 사육장 프레임의 일부에 고정시켜야 한다. 램프가 단단히 부착돼 있는지, 진동이나 어린아이 또는 사육개체로 인해 이탈되지는 않았는지 항상 확인하는 것이 중요하다. 화재 위험은 늘 우려되는 사항이고 많은 사육자가 높은 와트의 전구를 사용하는 경향이 있기 때문에, 플라스틱 베이스가 장착된 저렴한 제품보다는 세라믹 베이스가 장착된 견고한 반사기 돔을 선택하는 것이 안전하다.

히팅 램프를 사용해 사육환경의 온도를 유지하는 가장 큰 이점은 유연성이 있다는 것이다. 열전대 또는 온도조절기가 있는 기타 장치로 열량을 조정할 수 있지만, 히팅 램프를 사용할 때는 다음의 두 가지 방법으로 사육장 내 온도를 쉽게 조정할 수 있다. 첫째, 사육장의 온도를 조절하는 가장 간단한 방법은 전구의 와트 수를 바꾸는 것이다. 예를 들어, 40W 전구가 일광욕영역의 온도를 충분히 높이지 않는다면, 60W 전구를 사용해 볼 수 있다. 또는 100W 전구가 사육장 온도를 적절한 온도 이상으로 높이는 경우 60W 전구로 전환하는 것이 도움이 될 수 있다.

크레스티드 게코 사육 시 사용할 수 있는 가장 좋은 열원은 히팅 램프다. 히팅 램프를 사용할 때는 램프가 단단히 부착돼 있는지, 진동이나 어린아이 또는 사육개체로 인해 이탈되지는 않았는지 항상 확인하는 것이 중요하다.

둘째, 히팅 램프와 일광욕영역 사이의 거리를 조정해 주는 것이다. 히팅 램프가 사육장에 가까울수록 사육장 안의 온도는 더 높아진다. 사육장이 너무 따뜻하면 램프를 사육장에서 더 멀리 옮길 수 있는데, 이로 인해 일광욕영역의 온도가 약간 낮아진다. 그러나 램프를 멀리 움직일수록 일광욕영역은 더 넓어지게 된다.

먼 곳으로 옮기면 사육장을 너무 균일하게 가열해 온도편차 효과가 저하되므로 주의해야 한다. 아주 큰 사육장에서는 온도편차에 영향을 미치지 않을 수도 있지만, 작은 사육장에서는 서식환경의 '시원한 구역'을 없앨 수도 있다. 즉 히팅 램프가 스크린에서 2.5cm 정도 떨어져 있을 때 직경이 약 30cm인 일광욕영역을 만들면 약간 더 시원하지만 더 큰 일광욕영역을 만들 수 있다.

■**복사열 패널**(radiant heat panel) : 양질의 복사열 패널은 크레스티를 포함한 대부분의 파충류 사육장을 가열하는 데 매우 좋은 선택이다. 복사열 패널은 기본적으로 사육장 지붕에 부착되는 히팅 패드로서 보통 적외선 열을 다시 사육장 안으로 유도하기 위해 튼튼한 플라스틱이나 금속 케이스, 내부 반사기를 특징으로 한다.

복사열 패널은 기존 히팅 램프 및 히팅 패드에 비해 여러 가지 이점이 있다. 우선 가시광선을 생산하지 않는다는 점을 들 수 있는데, 이는 주야 열 생산에 모두 유용하다는 것을 의미한다. 낮에는 형광등 고정장치와 함께 사용할 수 있으며, 조명을 끄는 밤에도 계속 작동된다. 펄스 비례 온도조절장치에서 제대로 작동하지 않는 많은 장치와는 달리 대부분의 복사열 패널은 온오프 및 펄스 비례 온도조절장치에서 잘 작동한다. 복사열 패널의 유일한 단점은 비용으로, 빛 또는 열 투과식 시스템의 약 2~3배 가격이다. 그러나 많은 복사열 패널이 전구와 히팅 패드보다 수명이 길며, 이는 장기적으로 높은 초기비용을 상쇄하는 장점이라고 할 수 있다.

■ **히팅 패드**(heating pad) : 히팅 패드는 사육자에게 매력적인 옵션이지만, 단점이 없는 것은 아니다. 우선 히팅 패드는 접촉 화상을 일으킬 위험이 높다. 만약 오작동한다면, 히팅 패드가 놓여 있는 표면뿐만 아니라 사육장 자체에 손상을 입힐 수 있다. 다음으로 히팅 램프나 복사열 패널보다 화재를 일으킬 가능성이 더 크다. 그러나 적절하게(히팅 패드의 노출된 측면을 통해 신선한 공기가 흐를 수 있도록 하는 등) 설치해서 온도조절기와 함께 활용하면 안전하게 이용할 수 있다. 히팅 패드의 경우 가격이 소폭 상승하기는 하지만 프리미엄 제품을 구매하는 것이 사육자 입장에서는 유익하다.

■ **록히터**(rock heater) : 파충류 사육용품이 시판되던 초기에는 내부발열체가 있는 모조암석, 나뭇가지, 동굴 등이 큰 인기를 끌었는데, 현재 이러한 제품들은 사육자들 사이에서 선호되지 않는다. 돌과 나뭇가지로 된 제품의 경우 종종 비전문가에 의해 값싼 재료로 만들어져서 제 기능을 하지 못했다. 게다가 많은 사육자들이 모조암석을 부적절하게 사용해 사육개체의 부상, 질병, 죽음을 초래하기도 했다. 모조암석은 사육장 전체를 가열하는 것이 아니라 파충류에게 국부적인 열원을 제공하도록 설계된 것인데, 많은 사육자들이 이 암석을 사육장의 주요 열원으로 사용하려 했고, 사육장 온도를 위험한 수준으로 높이는 결과를 가져왔다. 또한, 도마뱀이 차가운 사육장에 놓인 작고 국부적인 열원에 의존해야 할 때 종종 이러한 열

원을 오랜 시간 동안 안고 있기 때문에 위험을 초래한다. 이와 같은 이유로 크레스티나 다른 종류의 파충류 사육에 있어서 어떤 환경에서도 전기로 가열되는 록히터는 사용하지 않는 것이 바람직하다. 록히터는 제대로 기능하는지 여부에 관계없이 심각한 열 덩어리로 이어질 수 있기 때문에 보조열원으로는 사용할 수 있지만 주요 열원으로 사용돼서는 안 된다. 크레스티에게 열을 제공할 수 있는 다른 안전한 방법들이 있으므로 적절한 방법을 선택하도록 하자.

조명

비어디드 드래곤(Bearded dragon, *Pogona vitticeps*), 모니터 리자드(Monitor lizard, *Varanus spp.*), 이구아나(Iguana, *Iguana spp.*)를 포함해 대부분의 도마뱀은 주행성으로 낮 시간에 활동을 하고 일광욕을 하며 지낸다. 주행성 도마뱀은 빛과 관련해 특정한 요구조건을 가지고 있으므로 이러한 종을 기르고 있는 경우 사육개체가 필요로 하는 요구조건을 충족시켜주기 위해서는 빛에 대한 이해가 선행돼야 한다.

주행성 종에 있어서 UVA는 먹이인식, 식욕, 활동, 자연적인 행동 등을 유도하는 데 중요하며, UVB는 많은 파충류에 있어서 비타민D3를 합성하는 데 필요하다. 비타민D3가 없으면 태양에 의존하는 주행성 파충류는 칼슘을 제대로 대사시킬 수 없으므로 반드시 필요한 조명을 제공해 줘야 한다. UV를 생성하는 조명이 설치된 모든 파충류 사육장에는 일정 영역에 그늘이 제공되는 환경을 조성해 줘야 하는데, 많은 파충류가 UV선을 볼 수 있고 스스로 최적의 노출량을 가지고 있다.

크레스티와 같은 야행성 종은 어둑어둑한 환경을 좋아하며, 일반적으로 주행성 도마뱀들과 같은 조명조건을 요구하지는 않는다. 야행성 도마뱀은 UV조명을 필요로 하지 않고, 대부분은 밝은 조건을 피하는 습성이 있다. 따라서 크레스티 사육자 중에는 조명을 전혀 제공하지 않고 사육하는 경우도 많은데, 야행성 종이라 할지라도 여전히 빛은 필요하므로 적절한 조명을 제공하는 것이 바람직하다.

풀스펙트럼 램프(full-spectrum lamp)는 크레스티에게는 불필요한 용품이며, 실제로는 약간의 위험을 수반할 가능성도 가지고 있다. 풀스펙트럼에서 생성되는 강한 자외선은 크레스티의 민감한 피부를 해칠 수 있고, 원치 않는 방식으로 비타민D의 대사를 변화시킬 수도 있다. 또한, 크레스티가 빛을 피해 은신해 있을 가능성이 크다.

이와 같이 크레스티를 건강하게 사육하는데 풀스펙트럼 램프가 필요하지는 않지만, 사육개체와 사육장을 좀 더 쉽게 관찰할 수 있도록 특정 형태의 조명을 사용할 수 있다. 야행성인 크레스티가 불이 켜져 있는 동안 자주 밖으로 나오지는 않을 것이라는 점을 염두에 둬야 하는데, 낮은 수준의 조명을 제공하는 것은 그다지 문제가 되지 않는다.

히팅 램프를 사용해 온도편차를 제공하는 경우라면, 전구의 빛이 크레의 활동과 사육장을 감상하기에 충분한 조명을 제공할 것이다. 형광기구를 추가할 수도 있는데, 일반 형광등으로도 충분하지만 보다 균형 잡힌 빛을 내도록 설계된 프리미엄 모델을 선택할 수도 있다. 프리미엄 모델은 사육장 안의 색상을 더 매력적으로 보이게 만들고, 식물이 건강하게 자라는 데 도움이 된다.

밤에는 붉은색 조명을 사용하면 크레를 방해하지 않으면서 사냥하는 모습 등을 관찰할 수 있다. 모든 경우에 이러한 추가조명이 설정된 조건 이상으로 사육장 온도를 상승시키지 않도록 관리하는 것이 중요하다.

1. 한 개 이상의 형광등을 사육장 길이에 맞춰 설치하면 살아 있는 식물의 성장에 가장 적합한 환경을 조성할 수 있다(하나는 UVB 램프로 대체하면 좋다). 필요한 전등 수는 비바리움의 너비와 높이에 따라 달라진다.　2. 낮은 전압의 붉은 백열전구는 야간에 실내온도가 13℃ 이하로 떨어지는 구역에 주로 사용된다. 또한, 붉은 전구를 사용하면 밤에 크레의 활동을 관찰할 수 있다. 붉은 전구가 없다면 소위 문라이트 전구(moonlight bulbs)라고 부르는 푸르스름한 조명을 사용해도 좋다. 3. 조명을 타이머에 연결하면 간단하게 일정한 광주기를 제공할 수 있다.

은신처

크레스티드 게코는 야행성 도마뱀이기 때문에 낮 동안 안전하게 지낼 수 있는 은신처가 반드시 필요하다. 사육장 위로 조명이 내리쬐는 경우라면 특히 필요하며, 조명을 설치하지 않은 경우에도 은신처는 제공해 줘야 한다. 여러 가지 물품들이 은신처로 활용될 수 있는데, 출입구가 있는 상자나 PVC 파이프 및 종이타월 심지를 자른 것 등이 모두 효과적으로 기능한다. 신문지를 바닥재로 사용할 경우, 크레스티가 종종 다른 은신처를 무시하고 신문지 밑에 숨는 것을 볼 수 있다.

좀 더 자연스러운 외관을 위해 코르크바크(cork bark)를 사용하면 좋다. 다양한 크기와 형태의 코르크바크가 반려동물 숍에서 파충류 은신처로 판매되므로 적절한 것을 선택하면 된다. 코르크바크는 부패에 대한 저항력이 매우 강하며, 식물이 식재된 비바리움에서도 잘 기능한다. 코르크바크의 주된 단점은 가격이 비싸고(대부분 비싼 편이다), 균열된 표면의 틈새에 이물질을 모으는 경향이 있어서 청소하기가 어렵다는 것 등이다.

골판지 튜브, 상자, 시트 등도 달걀판과 마찬가지로 훌륭한 은신공간을 제공해 준다. 이러한 재료들은 무게가 가볍고 매우 저렴하며, 더러워지면 쉽게 교체할 수 있다는 장점이 있다.

이러한 재료들을 야생에서 크레스티드 게코가 사용하는 은신처를 흉내 내는 방법으로 배열해 보는 것도 좋다. 예를 들어, 크레는 나무껍질 밑에 숨는 것을 좋아하므로 사육장 한쪽 구석에 골판지나 튜브를 쌓아놓으면 매우 훌륭한 은신처가 된다. 자연미를 연출하기 위해 난초, 브로멜리아드(Bromeliad) 또는 다른 착생식물을 코르크바크에 추가할 수 있다.

크레스티는 야행성이므로 낮 동안 몸을 숨길 수 있는 은신처를 반드시 제공해 줘야 한다.
Florence Ivy/CC BY-ND

식물이 무성하게 식재된 비바리움이라면 많은 은신공간이 형성될 수 있다. 비바리움을 조성할 때는 잎이 크고 빽빽하게 들어찬 식물을 이용하고, 은신처를 염두에 두도록 한다. 일부 사육자들은 크레스티를 항상 눈으로 확인하고 싶다는 욕심에 아예 은신처를 제공하지 않는 경우도 있는데, 이러한 행동은 바람직하지 않다. 은신처가 없는 환경에서 크레는 행복하게 지낼 수 없으며, 불필요한 스트레스로 인해 심각한 건강문제를 야기할 수 있다는 것을 반드시 명심하도록 하자.

기타 사육용품들

크레스티드 게코를 사육하기 위해 기본적으로 준비해야 하는 사육장과 바닥재, 조명 및 열원, 은신처 외에도 사육장을 구성하는 데 필요한 여러 가지 사육용품에 대해 간단하게 알아보도록 한다.

■**먹이그릇, 물그릇** : 전용먹이 및 먹이곤충을 제공할 때는 먹이그릇을 이용하는 것이 혹시라도 바닥재를 같이 섭취함으로써 임팩션이 유발되는 것을 방지하는 데 도움이 된다. 물그릇은 크레스티가 쉽게 접근할 수 있게 하고 익사 위험을 방지할 수 있도록 낮은 것으로 준비해 매일 신선한 물을 담아 제공하도록 한다.

■**온·습도계** : 크레스티드 게코의 건강을 유지하기 위해 사육장의 온도와 습도를 주의 깊게 관찰하는 것이 매우 중요하다. 수질 테스트 키트가 아쿠아리스트(aquarist)에게 늘 곁에 둬야 하는 필수용품인 것처럼, 양질의 온·습도계는 파충류 사육자에게 온도와 습도를 관리할 수 있는 가장 중요한 사육도구다.

■**분무기** : 사육개체와 사육장에 신선한 물을 분무해 주는 것은 물을 제공하는 가장 좋은 방법이다. 소형 휴대용 분무기나 더 큰 가압 유닛(ex, 제초제에 뿌릴 때 사용하는 것)을 사용해 이 작업을 수행할 수 있다. 자동화된 시스템을 이용할 수 있지만, 큰 규모의 크레스티 그룹을 관리하는 것이 아닌 한 비용효과가 거의 없다.

■**유목과 암석** : 크레스티가 앉아 쉬거나 기어오를 수 있는 환경을 제공하기 위해 사육장에 유목과 암석을 추가하면 좋다. 유목과 암석은 사용 전에 반드시 깨끗이 세척해 먼지 및 기생충을 제거해야 하며, 크레스티를 다치게 할 수 있으므로 날카로운 단면이나 튀어나온 가지들을 부드럽게 다듬어 준 후 사육장에 배치한다.

■**식물** : 크레스티드 게코의 여러 가지 훌륭한 특징 중 하나는 식물이 심어진 비바리움에서 사육했을 때 관상효과가 탁월하다는 것이다. 다른 많은 야행성 게코와는 달리, 크레는 보통 낮 동안 식물 줄기나 잎사귀 사이에서 쉬게 된다. 사육장에

크레스티는 식물이 심어진 비바리움에서 사육했을 때 관상효과가 탁월하다.

심은 살아 있는 식물은 활동영역, 일광욕영역, 은신처를 제공함으로써 필수적인 틈새 요건을 충족시키는 기능을 한다. 다른 구조물로 인위적인 은신처와 활동영역을 만들어주는 것이 여의치 않다면, 식물을 심어서 이러한 기능을 충족시켜 줘야 한다. 식물을 구매할 때는 크레의 무게를 견딜 만큼 이파리가 튼튼한지 확인하도록 한다. 크레가 활동하면서 언젠가는 구부러지거나 찢어지게 되므로 이파리가 얇은 식물은 피하는 것이 좋다. 비바리움을 보기 좋게 꾸미는 목적이라면 하나 혹은 두 개의 관상식물만으로도 충분하다. 크레스티드 게코의 비바리움은 반드시 공간 전체의 절반 정도를 비워둬야 한다는 사실을 명심하자. 식물은 화분 채로 넣거나 바닥재에 직접 심을 수도 있다. 바닥재에 바로 심을 경우 토양 생태계에 긍정적인 영향을 줄 수 있지

만, 성장하면서 뿌리나 다른 부분이 지저분해 보일 수 있다는 점을 염두에 두도록 한다. 요즘 시중에서 판매되는 인조식물은 잘 선택하면 살아 있는 식물과 외관상 차이가 거의 없으며, 사육장에 조명을 설치할 여력이 없는 사육자에게 아주 좋은 대안이 된다. 인조식물은 물이 필요 없으며, 죽지도 않고 꽤 튼튼하다는 장점이 있다. 디자인적인 관점에서 봤을 때 성장하지 않는다는 부분도 굉장히 좋은 장점인데, 사육장을 처음 세팅했을 때 모습 그대로 유지할 수 있다. 인조식물의 주요 단점은 단순히 살아 있지 않다는 것인데, 자연이 주는 본연의 느낌을 내기 위해서는 아무래도 살아 있는 식물을 심어야 하기 때문이다.

■**횃대** : 크레스티드 게코의 사육환경을 완성하기 위해서는, 개체의 스트레스 수준을 낮추는 데 도움이 되는 시각적 장벽과 사육장 사이를 탐색하는 데 사용할 수 있는 횃대를 제공해야 한다. 크레에게 시각적 장벽을 제공하는 가장 좋은 방법은 코르크바크, 판지 튜브, 달걀판 또는 살아 있는 식물을 사육장에 추가하는 것이다.

모든 횃대는 안전하고 청소하기 쉬우며 사육장에 견고하게 설치돼야 한다. 대부분의 사육자들은 진짜 나뭇가지를 선택하지만, 반려동물용품 숍 및 공예품 숍에서 상업적으로 생산된 플라스틱 덩굴이나 인조가지를 사용할 수도 있다. 직접 나뭇가지를 채집할 때는 아직 나무에 붙어 있는 생가지를 사용하는 것이 좋은데(항상 먼저 채취 허가를 받도록 한다), 살아 있는 나뭇가지는 죽은 가지보다 곤충과 다른 무척추동물의 해충을 가지고 있을 가능성이 작다. 많은 종류의 가지가 크레스티드 게코 사육장에 사용될 수 있으며, 대부분의 무향 견목이면 사용하기에 충분하다.

횃대로 사용할 나무를 채집할 경우 일단 사육장에 들어갈 나뭇가지의 크기를 자로 잰 다음, 가지 양쪽 끝에 실제 크기보다 좀 더 크게 여유를 남겨두고 채취하면 된다. 이렇게 하면 사육장에 맞도록 횃대를 정확한 길이로 자를 수 있다. 채취한 나뭇가지는 사육장에 넣기 전에 항상 뜨거운 물과 스크럽 브러시로 세척해서 가능한 한 먼지와 곰팡이를 깨끗하게 제거해야 한다. 굴곡이 있는 곳은 비누로 꼼꼼하게 닦되, 세척 후에는 반드시 깨끗이 헹궈내도록 한다.

횃대로 추천되는 나무의 종과 피해야 할 종

추천하는 종 : 단풍나무(Maple tree, *Acer spp.*) / 오크나무(Oak tree, *Quercus spp.*) / 호두나무(Walnut tree, *Juglans regia*) / 물푸레나무(Ash tree, *Fraxinus spp.*) / 말채나무(Walter's dogwood, *Cornus walteri*) / 백일홍(Crape myrtle, *Lagerstroemia spp.*) / 버드나무(Willow tree, *Salix spp.*) / 튤립나무(Tulip tree, *Liriodendron tulipifera*) / 배나무(Pear tree, *Pyrus spp.*) / 사과나무(Apple tree, *Malus sylvestris*) / 만자니타(manzanita, *Arctostaphylos spp.*) / 포도덩굴(Grape vine, *Vitis spp.*)

피해야 할 종 : 벚나무(Cherry tree, *Prunus spp.*) / 소나무(Pine tree, *Pinus spp.*) / 삼나무(Cedar, *Cedrus spp.*) / 향나무(Juniper, *Juniperus spp.*) / 포이즌 아이비(Poison ivy, *Toxicodendron radicans*)

나뭇가지를 사육장에 넣기 전에 소독하는 것도 좋다. 가장 쉬운 소독방법은 가지를 300℃ 오븐에서 15분 정도 가열하는 것이다. 이렇게 하면 나무 속에 숨어 있는 해충과 병원균의 대부분을 제거할 수 있다. 어떤 사육자들은 가지를 수밀봉(water seal) 제품으로 덮는 것을 선호하는데, 독성이 없는 제품을 사용하고 가지를 사육장에 넣기 전에 며칠 동안 건조한 공기에 노출시킬 경우 허용된다. 그러나 가지를 교체하기가 비교적 쉽기 때문에 교체할 계획이라면 굳이 밀봉할 필요는 없다.

사육장에 가지를 배치할 때는 크레가 사육장의 모든 영역에 접근할 수 있도록 해줘야 한다. 사육장이 지나치게 조밀하지 않은 선에서 크레에게 가능한 한 많은 횃대를 제공할 수 있도록 균형을 잘 잡아주는 것이 좋다. 사육장을 가로질러 대각선으로 가지를 배치할 수 있는데, 이때 사육개체가 넘어지거나 다치지 않도록 안전한 부착지점을 선정해야 한다.

가지를 필요에 따라 쉽게 제거할 수 있게끔 설치해서 사육장을 청소할 때나 크레를 이동시킬 때 수월하게 진행할 수 있도록 하는 것이 좋다. 고리나 아이 스크류를 이용해 가지를 매달아서 빠르고 쉽게 제거할 수 있지만, 아이 스크류를 받치고 지탱할 수 있는 벽이 있는 사육장에만 적용할 수 있다. 사육장 틀에 부착된 작은 PVC 캡에 구멍을 내서 옷장에 사용하는 것과 같은 홀더를 만들 수도 있다.

■**청소도구 :** 사육용품의 세척을 위해 스크럽 브러시와 스펀지를 구비하면 좋다. 사육장이 너무 빨리 마모되지 않도록 연마성 낮은 스펀지 또는 브러시를 사용하는

것이 좋다. 단, 유리 또는 아크릴 표면에는 사용하지 않도록 한다. 강모로 된 브러시는 표면이 거칠고 나무로 된 물건(나뭇가지나 유목 등)을 문질러 닦는 데 효과적이다. 주걱, 퍼티 나이프 및 이와 유사한 도구는 벽이나 가구 위에 붙어 있는 요산염 또는 바닥에 들러붙은 신문지를 제거하는 데 효과적이다. 소형 휴대용 진공청소기는 바닥재에 남은 먼지를 빨아들이는 데 매우 유용하다. 또한, 사육장 문 주변의 갈라진 틈새를 청소하는 데도 도움이 된다.

사육용품을 세척할 때는 부드럽고 향이 없는 주방세제를 사용하는 것이 좋

나뭇가지나 유목 등 표면이 거칠고 나무로 된 용품은 강모로 된 브러시를 이용해 세척하는 것이 좋다.

으며, 항균성 비누가 선호되지만 필수적인 것은 아니다. 대부분의 사육자들은 필요 이상으로 많은 양의 세제를 사용하는데, 일반적으로 물에 몇 방울만 섞어주면 표면의 오염물질을 제거하는 데 충분하다. 표백제를 사용하면 매우 훌륭한 살균효과를 볼 수 있다. 표백제를 사용할 때는 옷이나 카펫, 가구의 경우 물건이 변색될 가능성이 있으므로 흘리지 않도록 주의해야 한다. 표백제를 사용한 후에는 항상 완전히 헹궈내서 냄새가 남지 않도록 하는 것이 좋다. 표백제는 유기물과 접촉할 때 소독제의 기능을 상실하므로 반드시 용품을 세척한 후 사용해야 한다.

많은 상업용 제품들이 반려동물에게 안전하도록 고안됐으므로 자신의 상황에 가장 적합한 제품, 사용방법 및 적절한 희석방법에 대해 수의사와 상담하고 사용하도록 한다. 페놀이 함유된 세척제는 파충류에 매우 강한 독성을 가지고 있으므로 항상 피하는 것이 바람직하다. 반려동물이 독성 화학물질에 노출되는 것을 피하기 위해 가정용 세제는 일반적으로 사용하지 않는다.

02
section

자연에 가까운 비바리움
디자인과 유지

크레스티드 게코를 자연서식지와 가까운 환경에서 기르고자 한다면 식물이 식재된 비바리움이 적합하다. 이번 섹션에서는 비바리움을 구성하는 데 필요한 요소들과 디자인 및 유지관리하는 방법에 대해 알아본다.

비바리움의 효과

크레스티드 게코는 신문지나 인공카펫을 바닥재로 깔아준 단순한 세팅만으로도 쉽게 관리할 수 있다. 주위에는 작은 화분을 두고, 등반을 위해 나뭇가지 또는 철사 프레임에 살아 있는 나뭇잎이나 인공나뭇잎을 감아 배치해 주면 된다. 또한, 구부러진 코르크바크 조각 같은 은신처를 바닥에 설치해 주며, 여기에 얕은 물그릇을 넣어주면 된다. 크레스티드 게코는 24~26°C 사이의 쾌적하고 따뜻한 실내온도에서 관리된다면, 추가적인 조명이나 열원 없이 이처럼 단순하게 세팅된 환경에서도 무난하게 생활하고 번식도 할 수 있다.

개체를 격리하는 데 사용되는 사육장은 이처럼 단순한 세팅이 권장되지만, 관찰의 즐거움을 위해서라면 살아 있는 식물이 심어진 자연에 가까운 비바리움을 택하는 것이 좋다. 이러한 비바리움은 더 넓은 범위의 행동을 관찰할 수 있는 기회를 증가시킬 뿐만 아니라 장식적인 측면에서도 아름답다는 장점을 지니고 있다.

파충류 전문가인 앨런 레파시(Allen Repashy)는 크레스티드 게코의 상업적인 브리딩을 최적화하기 위해 다양한 옵션으로 실험을 진행한 바 있다. 처음에는 철사프레임과 인공식물로 간단하게 세팅했다가 이후 큰 달걀판 여러 개를 세로로 쌓고 여러 가지 식물로 사육장을 꾸몄다. 이렇게 해주니 사육장 내부 표면적이 큰 폭으로 증가했을 뿐만 아니라 많은 은신처와 활동영역을 제공해 개체들을 시각적, 공간적으로 분리하는 효과를 볼 수 있었다. 또한, 벽 면적을 줄여서 플로피 테일 증후군(floopy tail syndrome; 꼬리의 무게 때문에 골반이 휘어지는 질환)의 원인이 되는 '벽에 거꾸로 붙어서 쉬는 행동'을 하지 못하게 막는 역할도 했다.

비바리움의 구성요소

비바리움은 크레가 은신하고 기어오를 수 있는 화분식물 정도만 식재하는 것으로 간단하게 세팅할 수도 있고, 이국적인 열대식물을 다양하게 식재하고 암석과 유목을 예술적으로 배열한 다음 살아 있는 이끼를 추가해 아름답게 세팅할 수도 있다. 심지어 작은 폭포까지 구성한 복잡한 세팅을 추구할 수도 있다.

■**살아 있는 식물** : 한두 포기의 관상식물만 심어놔도 비바리움을 아주 매력적으로 꾸밀 수 있다. 살아 있는 식물을 식재하는 것은 사육자의 노고가 더 많이 요구되는 작업이지만, 크레에게 몇 가지 이점을 제공한다. 크레가 은신할 수 있는 장소를 제공하는 것 외에도, 살아 있는 식물들은 사육장의 습도를 높여주는 기능을 한다. 또한, 일부 식물은 사육장 내에 추가적인 횃대를 사용할 필요가 없을 정도로 충분한 등반 기회를 제공할 수 있다. 식물을 화분에 심어진 채로 비바리움에 추가하면 나중에 쉽게 빼낼 수 있으며, 성장을 다양한 정도로 제한하는 효과도 볼 수 있다.

사육장에 식재할 식물 종을 선택할 때는 주의를 기울여야 한다. 직사광선을 필요로 하는 종들은 크레스티 사육장의 상대적으로 희미한 빛 속에서 제대로 성장하지 못할 것이므로 그늘진 환경에서 번성할 식물을 선택해야 한다. 마찬가지로, 사육자는 정기적으로 사육장에 분무를 할 것이고 가능한 한 내부환경을 습하게 유지하려고 노력할 것이기 때문에, 건조한 서식지에 적응한 다육식물 등이 크레스티드 게코 사육장 안에서 무난하게 생육할 수 있다.

선택하려는 식물의 성장습관과 특성도 고려해야 한다. 지면을 덮는 식물은 수상성(樹上性) 도마뱀에게 그다지 유용하지 않다. 수직으로 자라고 크레스티에게 편안한 등반 기회를 제공하는 식물을 선택해

비바리움의 청소와 유지관리에 도움이 되도록 내부 접근성을 높이기 위해서는 전면에 미닫이나 경첩을 단 플렉시(Plexiglas) 유리 사육장이 가장 좋다.

야 한다. 또한, 잎이 넓은 식물을 선택하는 것이 좋은데, 넓은 잎은 시각적 장벽 역할을 할 수 있고, 크레스티가 물을 마실 수 있는 적절한 표면을 제공해 주기 때문이다. 한편, 크레스티드 게코는 사육장 안에 있는 식물의 잎을 씹을 수도 있으므로 독성이 없는 종을 선택하는 것이 현명하다. 드라카이나 프라그란스(Dracaena fragrans, Dragon tree) '야네트 크라이그 콤팩타(Janet craig compacta, Compact dracaena)'는 쉽게 구할 수 있는 재배품종이며, 크레스티드 게코가 좋아하는 은신처가 돼준다.

목질 줄기와 두꺼운 잎을 가진 벤자민고무나무는 최고의 기능성 종으로 손꼽힌다. 일반적으로 분기를 유도하기 위해 가지치기를 해야 한다. 시중에서 보통 접할 수 있는 개체는 꺾꽂이 번식한 것으로 잎이 드문드문 나 있는 경우가 많은데, 이 상태에서는 크레가 잘 사용할 수 없으므로 구매 후 어느 정도 길러 잎이 무성해지면

1. 드라카이나 프라그란스(*Dracaena fragrans*, Dragon Tree) '야네트 크라이그 콤팍타(*Janet craig compacta*)' 2. 벤자민고무나무(*Ficus benjamina*) 3. 브로멜리아드(*Bromeliad*, 왼쪽), 드라카이나(*Dracaena*, 가운데), 산세비에리아(*Sansevieria*, 오른쪽)

사육장에 넣는다. 잎사귀가 무성해 은신처로 주로 사용하는 종류로는 브로멜리아드(*Bromeliad*), 드라카이나(*Dracaena*), 산세비에리아(*Sansevieria*)를 들 수 있으며, 잎이 넓고 빽빽하게 나는 종을 선택하는 것이 좋다.

스킨답수스(*Scindapsus*)와 같은 덩굴식물은 틀 또는 아래로 기어가도록 해주면 아주 잘 자란다. 크레는 덩굴식물을 밧줄처럼 타고 올라가거나 은신처로 사용한다. 신품종인 필로덴드론(*Philodendron*) '브라질(*Brazil*)'과 같이, 필로덴드론 중에서 작은 종류를 골라 심어도 효과적이다. 쉽게 구할 수 있는 필로덴드론 종으로는 난초, 안수리움(*Anthurium*), 아이스키난수스(*Aeschynanthus*)가 있다.

대부분의 실내화초는 오랫동안 살충제에 노출되는 환경에서 자라며, 따라서 흙에 침투성 농약성분이 남아 있을 가능성도 있다. 이러한 성분은 잠재적으로 크레스티에게 해로울 수 있으므로 사육장에 살아 있는 식물을 심을 때는 새 흙을 사용하고, 잔류농약을 제거하기 위해 사육장에 넣기 전에 순한 주방세제로 식물의 잎을 세척하는 것이 바람직하다.

구입 시 화분에 포함된 흙을 버리고 살충제, 펄라이트 또는 비료가 포함돼 있지 않은 신선한 토양으로 교체하는 것이 좋다. 토양 바닥재에 직접 식물을 심을 수 있지만, 유지관리가 까다롭고 정기적으로 바닥재를 교체하는 것이 어렵다. 따라서 일반적으

로 식물을 화분에 넣어 배치하는 것이 바람
직하다. 이때 화분의 물이 사육장 안으로 흘
러내리는 것을 방지하기 위해 화분 밑에 트
레이(화분받침대)를 사용하도록 한다.

■**조경 및 구조물** : 식물 외에도 유목, 코르크
바크 패널이나 둥근 부분, 또는 바위와 같은
천연 장식재료들을 전략적으로 배치해 생체
환경을 형성함으로써 비바리움을 보다 사실
적으로 보이게 연출할 수 있다. 사용된 모든
유목은 부패에 강한 유형이어야 하며, 사이
프러스와 단추나무는 좋은 선택이다.
삼나무는 부패에 대한 저항력도 크지만 나
무에 포함돼 있는 페놀 성분이 파충류에게
해롭기 때문에 피하는 것이 바람직하다. 기
초공사를 할 때는 식물 배치를 위해 틈새를
두고, 사고를 유발할 수 있는 붕괴를 방지하
기 위해 항상 적절한 접착제 또는 고정장치
를 이용해 단단하게 고정시켜야 한다.
식물을 건강하게 유지하려면 빛을 공급해야
한다. 형광등 조명기구는 반려동물용품 숍
에서 구입할 수 있으며, 좋은 결과를 얻을 수
있다. 크레스티드 게코는 야행성이기 때문
에 형광등이 켜지면 보통은 숨을 것이다. 따

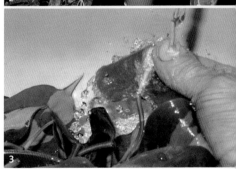

1. 스킨답수스(*Scindapsus*) **2.** 난초(왼쪽), 안
수리움(*Anthurium*, 가운데), 아이스키난수스
(*Aeschynanthus*, 오른쪽) **3.** 진류농약을 제거
하기 위해 흐르는 물에 잎을 세척하는 모습

라서 크레가 몸을 은신할 수 있는 적당한 장소가 있는지 확인하는 것이 좋다. 크레
스티드 게코는 보통 일광욕을 하지 않고 자외선은 그들에게 중요하지 않기 때문에

값비싼 '파충류용 전구'는 필요하지 않으며, 관련 매장에서 구할 수 있는 식물성장용 표준조명이면 적당하다. 전압이 높은 백열등은 너무 많은 열을 방출하고 일반적으로 식물이 선호하는 스펙트럼이 아니기 때문에 사용하지 않는 것이 좋다.

■**배수층 설치** : 자연에 가깝게 꾸며진 비바리움 환경에서는 사육장 환경이 늪지조건이 되거나 정체되는 것을 막기 위해 배수층을 설치해야 한다. 배수층은 흙이나 바닥재 밑으로 들어가는 자갈 또는 펄라이트를 기초로 한다. 배수층은 바닥재를 축축하게 만들지 않고 과도한 물이 그 안으로 가라앉지 않도록 적어도 3~5cm(사육장 크기에 따라 다르다) 깊이가 돼야 한다.

1. 식물을 화분에 심어진 채로 비바리움에 넣으면 나중에 쉽게 빼낼 수 있다. 2. 식물이 식재된 비바리움에서는 식물이 은신처 역할을 한다.

비바리움 디자인

크레스티드 게코는 관목이나 나무를 타고 올라가는 습성이 있어서 식물과 탁 트인 공간이 어느 정도 섞인 환경을 선호한다. 군데군데 키가 큰 식물과 유목을 배치하면서 남는 공간이 약 절반 정도 되게끔 설계하는 것이 가장 좋다. 크레는 일반적으로 어떤 유형의 것이라도 은신처를 넣어주는 것이 좋은데, 식물을 심은 사육장이라면 식물이 은신처 역할을 하므로 별도로 제공하지 않아도 무방하다. 사고로 압사할 수 있으므로 지나치게 무거운 은신처는 사용하지 않는 것이 좋다. 거듭 언급하지만, 크레를 사육하는 비바리움은 절반 정도의 공간을 비워둬야 한다는 것을 항상 명심하도록 하자.

크레스티드 게코는 식물과 탁 트인 공간이 혼합된 환경을 선호한다.

식물을 포트에 담긴 채로 사육장에 추가하는 경우, 일반적으로 얼룩덜룩한 모양의
스킨답수스와 같이 취급하기 쉬운 종을 사육장 뒤쪽으로 배치하고 덩굴이 늘어지
게 하면 포트를 숨길 수 있다. 유목이나 코르크바크 또한 포트를 감추는 데 용이하
다. 말린 잎, 사이프러스 또는 코코넛 껍질과 기타 천연재료로 제조된 바닥재를 이
용해 자연스럽게 보이는 바닥재층을 만들 수 있다. 바위는 근처에 숨어 있는 크레
를 다치게 할 수 있기 때문에 주의해야 한다. 매일 분무해 주면 식물과 크레 모두에
게 이로우며, 크레는 나뭇잎에서 떨어진 물방울을 핥아 수분을 섭취한다. 식물의
잎이 크레의 배설물로 더러워지면 포트를 꺼내 호스로 물을 뿌려 세척한다.

좀 더 복잡한 디자인의 비바리움을 설치하려면 추가적인 연구와 계획이 필요하다.
부적절하게 조성된 비바리움 환경은 곧 강건한 식물을 제외한 모든 식물을 죽게
하고 습한 영역이 오염되며, 크레에게 부적합할 정도로 악화된다. 최적의 상태를
유지하기 위해서는 공기순환이 잘 돼야 하고, 배수가 잘 되는 바닥재, 정기적인 분

무, 적절한 빛을 제공해야 한다. 조건이 충족되지 않으면 비바리움 내 식물과 동물은 번성하기 어렵다. 배수가 부족한 습기성 바닥재는 혐기성 박테리아 생장의 안식처가 될 것이며, 이는 동식물에게 부적합한 조건을 만들고 악취를 내뿜는다.

작은 나무를 활용해 대형 비바리움을 꾸밀 수도 있다. 야생의 크레스티드 게코는 나뭇가지 바깥쪽에 있는 잎과 잔가지에서 지내는 것을 더 좋아하기 때문에, 이와 같은 비바리움에서 좀 더 자연스러운 방식으로 행동할 수 있는 기회를 갖게 될 것이다. 실내장식으로 흔히 판매되는 다양한 종류의 뽕나무과(Moraceae) 식물이 좋은 선택이 된다. 규모가 큰 대형 비바리움에서는 다양한 야자열매, 소철, 바나나나무, 헬리코니아(Heliconia) 등을 포함한 열대나무와 관목을 사용할 수 있다.

비바리움의 유지관리

비바리움을 깨끗하게 유지하기 위해서는 정기적인 유지관리 일정을 따라야 한다. 수상성인 크레를 기를 때는 배설물이 사육장 양옆에 쌓여 시야를 방해하고 사육장이 빨리 지저분해지는 경향이 있다. 크레는 먹이로 공급된 퓌레 위를 걸으며 퓌레가 묻은 발로 사육장 전체를 돌아다닌다. 이러한 조건들이 습도와 결합되면 매우 비위생적인 환경으로 이어져 크레의 건강에 부정적인 영향을 미치게 된다.

비바리움을 크레의 자연서식지 환경과 유사하게 꾸며줬다면 유지관리는 더욱 복잡해진다. 이런 비바리움은 절대 과밀해서는 안 되며, 식물과 크레의 숫자가 균형을 이뤄야 한다. 이렇게 하면 밀폐된 환경은 바닥재에 있는 유익한 박테리아의 작용과 식물에 의한 흡수를 통해 크레스티로부터 생성된 노폐물을 '소비'할 수 있게 된다. 만약 크레를 과밀사육함으로써 이와 같은 자연분해가 허용 가능한 비율로 일어나지 않는다면, 배설물이 쌓이게 되고 악취를 내뿜는다. 이 경우 최선의 해결책은 다른 사육장을 설치하고 일부 개체를 새 사육장으로 옮기는 것이다.

비바리움 토양의 질을 적절하게 유지하기 위한 노력과 계획도 필요하다. 크레의 배설물과 먹지 않고 남은 귀뚜라미가 사육장 내의 환경을 빠르게 오염시켜 건강에 좋지 않은 환경을 만들게 되므로 항상 깨끗하게 관리할수 있도록 한다.

자연환경에 가까운 비바리움에서 낮은 전압의 백열전구를 사용하면 식물의 성장에 필요한 빛과 크레스티드 게코에게 필요한 열을 모두 공급할 수 있다.

다른 종과의 합사

다른 종의 도마뱀이나 다른 동물들을 크레스티와 같은 사육장에 합사하는 것은 피하는 것이 가장 좋다. 다양한 종의 상호작용은 일부 또는 모든 개체에게 스트레스를 줄 수 있으며 먹이경쟁이 일어날 가능성이 있고, 특히 주행성 동물이 야행성 종과 섞이는 경우 더욱 그렇다. 도마뱀, 개구리, 곤충 또는 기타 동물들이 잘 어우러진 복잡한 비바리움은 얼핏 꽤나 매력적으로 생각될 수도 있겠지만, 이러한 형태는 대규모 사육이 이뤄지는 동물원과 박물관의 몫으로 남겨두도록 하자.

합사에 적합한 종을 선택해 성공적으로 관리할 수도 있지만, 크레스티드 게코는 레오파드 게코(Leopard gecko), 팻테일 게코(Fat-tail gecko), 비어디드 드래곤(Bearded dragon) 등과 같이 일반적으로 사육되는 종류의 도마뱀과 합사할 수 없다. 크기가 작은 라코닥틸루스 성체(주버나일이 아닌)의 경우는 대개 별 문제없이 함께 기를 수 있다. 필자는 보통 가고일 게코(Gargoyle gecko, *Rhacodactylus auriculatus*) 성체를 크레스

크레스티드 게코 성체의 경우 핑크텅 스킨크(Pink-tongued skink)와 합사해도 무방하다.

티드 게코 성체와 함께 사육한다. 코렐로푸스 사라시노룸(*Correlophus sarasinorum*)과 라코닥틸루스 카호우아(*Rhacodactylus chahoua*)를 크레스티드 게코와 함께 사육하는 사람도 있다. 그러나 주버나일 개체는 다른 종과 합사하지 않는 것이 좋다. 어린 가고일 게코는 배가 고프거나 합사한 개체들 간에 크기 차이가 심하게 나면, 다른 개체의 꼬리를 뜯어 먹으며 경우에 따라 통째로 포식하는 카니발리즘을 보이는 것으로 악명이 높다. 이러한 공격적인 성향은 나이가 들면서 줄어들게 되는데, 일반적으로 성체가 되면 비슷한 크기의 라코닥틸루스 종은 건드리지 않는다.

SVL이 같거나 큰 핑크텅 스킨크(Pink-tongued skink, *Cyclodomorphus gerrardii*)도 크레스티드 게코와 합사할 수 있는데, 이는 독특한 먹이습관 때문이다. 이들은 보통 달팽이나 민달팽이를 선호하지만, 사육하에서의 핑크텅 스킨크는 특정 종류의 습식 고양이사료를 먹는다(분홍색 포장지의 위스카스 믹스 그릴-Whiskas mixed grill-이 자체 시험결과 선호도가 가장 높았다). 그러나 임신한 암컷 핑크텅 스킨크는 크레 성체와 분리해 일광욕영역이 있는 별도의 사육장으로 옮겨야 한다. 핑크텅 스킨크는 알이 아니라 새끼를 낳는데, 새끼는 배고픈 크레의 간식거리가 될 수 있기 때문이다.

Chapter 04

크레스티드 게코의
일반적인 관리

크레스티드 게코를 기르는 데 있어서 기본적
으로 관리해야 할 사항에 대해 살펴보고, 먹이
의 종류와 급여방법 등에 대해 알아본다.

01
section

사육장 및
사육환경 관리

크레스티드 게코가 손이 덜 가고 관리가 쉬운 반려도마뱀이라는 장점을 가지고 있기는 하지만, 그렇다고 해서 아예 신경을 안 써도 된다는 의미는 아니다. 사육자는 크레의 건강과 쾌적한 생활을 보장해 주기 위해 주기적으로 사육환경을 점검해야 한다. 이번 섹션에서는 기본적으로 살펴야 할 관리사항에 대해 알아본다.

온도 관리

적절한 온도가 유지되는 환경을 제공하는 것은 파충류 사육에 있어서 가장 중요한 관리요건이다. 크레스티드 게코는 신진대사의 진행속도를 주변 온도에 의존해 조절하는 변온동물이므로 항상 적절한 온도를 제공하는 것이 매우 중요하다.

뉴칼레도니아로 여행을 다녀온 경험이 있는 사람이라면, 그곳의 날씨가 정말 좋다는 사실을 잘 알고 있을 것이다. 뉴칼레도니아는 너무 덥지도 춥지도 않으며, 낮 평균기온은 보통 25.5℃, 상대습도는 70% 언저리에서 크게 벗어나지 않는다. 많은

사육자가 크레스티드 게코를 열대지방에 사는 동물로 오해하는 실수를 저지르곤 하는데, 이로 인해 수많은 개체가 지나치게 더운 환경에서 스트레스를 받고 있는 실정이다. 과도하게 더운 사육장에서 크레스티드 게코를 사육해 죽음에 이르게 한 사례는 이미 여러 건 보고돼 있다. 사육하던 개체를 폐사에 이르게 하는 불행을 방지하기 위해서는 일광욕 용도로 설치한 전구 아래 및 사육장 내부 그늘에 온도계를 설치해 항상 적정온도를 유지해 주는 것이 좋다.

■**최적온도** : 개체마다 약간 다른 선호도를 보일 수 있지만, 보통 주위 온도가 25.5℃에서 28℃ 사이로 유지될 때 가장 건강하게 지낼 수 있으며 28℃ 이상의 온도는 스트레스를 유발할 수 있다. 약 16.7℃ 이하의 온도에서 잠시 동안의 온도하강을 견딜 수 있기는 하지만, 이러한 온도에 오랫동안 노출되도록 해서는 안 된다.
크레스티드 게코는 겨울철에는 난방이 되고 여름철에는 냉방이 되는 공간에서 잘 지낼 수 있으며, 야행성이라 일광욕이나 따뜻한 장소를 거의 필요로 하지 않기 때문에(상황에 따라 일광욕을 할 수도 있다) 주변 실내온도가 21.1℃ 이상 유지된다면 일반적으로 추가적인 열원은 필요하지 않다. 이는 일반적인 가정에서 유지되는 조건이기 때문에 이 온도범위 미만의 지역에 살지 않는 한 추가열원을 제공하지 않아도 된다.

크레는 냉난방이 잘 되는 일반적인 가정에서 기르는 경우 추가열원은 필요하지 않다.

이보다 기온이 낮은 계절 동안 열원이 필요한 경우에는 사육장 크기 및 구성에 따라 사용해야 하는 열원의 유형이 결정된다. 크기가 76L 이하인 작은 수조의 경우, 백열전구 또는 세라믹 히터가 사육장 전체를 따뜻하게 하는 복사열을 생성하므로 추가열원으로 사용하기에 바람직하다.
크레스티드 게코는 다른 많은 도마뱀과는 달리 고온을 견딜 수 없다. 따라서 사육장 내에 크레가 필요에 따라 이동할 수 있는 서늘한 영역이 없는 한 28℃ 이상의 온도에 노출되지 않아야 한다. 크레가 선호하는 온도범위로 인해 많은 사육자들이 크레스티의 사육장을 상온에서 유지하는데, 항상 온도편차를 제공하는 것이 중요하므로 일부 유형의 저전력 열원을 사육장 한쪽에 설치해 줘야 한다. 또한, 다른 가정에 비해 냉방이 잘 되는 가정 또는 서늘한 지역에 거주하는 가정이라면 열원이 필요할 수 있다.

크레스티드 게코는 20℃의 야간온도를 안전하게 견딜 수 있기 때문에 대부분의 경우 사육장의 온도가 밤에 주변 실내온도로 떨어지는 것을 허용할 수 있다. 야간에는 사육장에 조명을 사용하지 않는 것이 중요하기 때문에 밤 기온이 상대적으로 낮은 가정에서는 추가적인 열원을 사용할 필요가 있으며, 이때 세라믹 히터를 사용하면 크게 도움이 된다.

■ **주변 온도와 표면온도** : 반려도마뱀의 사육에 있어서는 주변 온도와 표

크레스티드 게코의 주기별 관리사항

매일 점검하기
- 사육장의 온·습도가 적절한 수준인지 확인한다.
- 먹다 남은 먹이곤충, 대소변 등을 제거한다.
- 깨끗하고 신선한 물을 제공한다.
- 사육장의 벽과 식물에 분무를 해준다.
- 조명, 자물쇠 및 기타 움직이는 부품이 정상적으로 작동하는지 확인한다.
- 크레가 정상적으로 행동하는지 확인한다.
- 먹이를 급여한다(일부 사육자는 일주일에 3~4번).
- 종이류 바닥재를 사용하는 경우 교체해 준다.

매주 점검하기
- 사육장 내부의 유리표면(유리사육장)을 청소한다.
- 케이지 퍼니처(먹이그릇, 물그릇, 인조식물 또는 살아있는 식물, 나뭇가지, 은신처 등)를 깨끗이 세척한다.
- 살아 있는 식물에 물을 공급한다.
- 부상, 기생충감염 또는 질병의 징후가 없는지 크레를 면밀히 관찰한다.

매월 점검하기
- 사육장을 완전히 분해해 10%로 희석한 표백제 용액으로 살균 처리한다. 깨끗한 사육장에 새 바닥재를 추가한다. 화분토양과 살아 있는 식물이 있는 비바리움이라면 이 과정은 필요하지 않다.
- 크레의 몸무게를 측정하고 그 결과를 기록한다.
- 필요한 경우 모든 식물을 제거한다.

면온도 두 가지 유형의 온도가 관련된다. 사육장의 주변 온도는 공기의 온도이며, 표면온도는 사육장 내에 비치돼 있는 물체의 온도다. 이 두 가지는 크게 다를 수 있기 때문에 항상 모니터하는 것이 중요하며, 디지털 온도계로 사육장의 주변 온도를 측정하는 것이 바람직하다. 실내외 모델에는 열경사 양끝에서 온도를 한 번에

크레스티드 게코를 사육하는 데 있어서는 주변 온도와 표면온도를 모두 고려해야 하며, 이 두 가지는 크게 다를 수 있기 때문에 항상 모니터하는 것이 중요하다. Florence Ivy/CC BY-ND

측정할 수 있는 프로브(probe; 사육자들 사이에서는 보통 센서라고 불린다)가 있다. 온도계를 사육장의 서늘한 쪽에 위치시키되, 이 원격 프로브를 일광욕영역 근처의 나뭇가지에 부착해 사용할 수 있다. 표준 디지털 온도계는 표면온도를 정확하게 측정하지 못하므로 이러한 측정에는 비접촉 적외선 온도계를 사용하는 것이 좋다. 적외선 온도계는 가까운 거리에서 정확하게 표면온도를 측정할 수 있게 해준다.

크레스티드 게코의 경우, 파충류용 히팅 패드 또는 히팅 테이프를 사용하면 열이 사육장 전체로 쉽게 분산되지 않기 때문에 다소 비효율적이다. 히팅 패드와 히팅 테이프가 따뜻한 영역을 만들기는 하지만, 크레는 사육장의 온도가 내려간다고 해서 반드시 이러한 장소를 찾는 것은 아니며, 상대적으로 따뜻한 장소를 찾아가는 대신 그들이 선호하는 틈새로 들어갈 수도 있다. 백열전구를 열원으로 사용할 때는 크레가 빛을 피할 수 있으므로 적절한 은신영역이 있는지 확인한다.

또한, 어떤 것이 사육장에서 최적의 온도를 제공할 수 있을지 확인하기 위해 와트 수가 다른 전구로 여러 번 실험을 거쳐야 한다. 크레스티드 게코가 너무 뜨거워지지 않도록 세심하게 모니터하되, 믿을 수 있는 디지털 온도계를 사용하는 것이 가장 정확한 방법이다. 크레 사육장을 가온(加溫; 어떤 물질에 온도를 더함)하는 가장 쉽고 안전한 방법은 사육장이 설치된 방 자체를 가열하는 것이다. 저렴한 휴대용 히터는 실내조건이 정기적으로 모니터링되는 한 훌륭하게 기능할 수 있다. 반대로 여름철에 기온이 높은 지역에서는 냉각이 필요하다. 방을 냉방하는 것은 크레 사육장을 식히는 유일하고 믿을 만한 방법이다. 사육장 위에 실내조명이 위치해 있는 경우, 더운 계절에는 사육장 내의 온도가 높아진다는 것을 기억하도록 하자.

적절한 열 환경을 조성하기 위한 최선의 방법을 찾기 전에, 사육개체의 몸 크기가 열을 올리고 식히는 방법에 영향을 미친다는 것을 이해하는 것이 중요하다. 체적이 신체크기보다 더 빨리 증가하기 때문에, 작은 개체들은 더 큰 개체들보다 더 빠른 온도변동을 경험한다. 이는 특히 해츨링 및 주버나일 개체를 돌볼 때 명심해야 할 중요한 요인이다. 열로 인한 스트레스는 이러한 개체들에게 빠르게 영향을 미치며, 지나치게 높은 온도는 종종 치명적인 결과를 초래한다. 따라서 작은 개체들을 극단적인 온도로부터 보호하는 것이 필수적이다. 반대로 큰 개체는 작은 개체보다 온도 극단에 좀 더 유연하다(여전히 극한의 온도로부터 보호해야 한다).

■**온도편차** : 야생에서 크레스티드 게코는 가능한 한 이상적인 체온을 유지할 수 있도록 서로 다른 미세서식지 사이를 이동한다. 따라서 사육하에서도 온도편차가 있는 환경을 만들어 줌으로써 사육개체에게 비슷한 기회를 제공해 주는 것이 필요하다. 이를 위한 가장 좋은 방법은 사육장의 한쪽 끝에서 난방장치를 가동해 일광욕영역(사육장에서 가장 따뜻한 곳)을 만들어 주는 것이다. 일광욕영역으로부터의 거리가 멀어질수록 온도가 서서히 내려가면서 온도의 편차가 발생하게 될 것이다.

나뭇가지나 초목과 같은 구조물이 만드는 음영 또한 추가적인 열 옵션을 제공한다. 이는 크레의 자연서식지에서 온도가 낮은 곳에서 다른 곳으로 이동하는 방식을 모방한다. 예를 들어, 야생에서 크레는 태양을 피하기 위해 나무껍질 아래로 움직이거나, 시원한 아침에 워밍업하기 위해 노출된 나뭇가지 위로 이동할 수 있다.

사육장에 온도편차를 제공해 줌으로써 크레가 다양한 온도에 접근할 수 있게 되며, 야생에서처럼 체온을 관리할 수 있다. 올바른 온도편차를 설정하기 위해서는 전구의 와트 수를 조정하고, 일광욕영역의 표면온도가 27℃에서 28℃ 사이가 될 때까지 가열장치를 조정한다. 그들은 22~24℃, 가장 위쪽에 있는 나뭇가지나 일광욕영역처럼 조명에 가장 가까운 곳은 최대 29℃의 범위를 이뤄야 한다. 미숙한 개체의 경우 약간 더 시원한 일광욕영역을 제공하며, 최고온도는 약 26℃를 유지한다.

사육장의 반대쪽 끝에는 열원이 없기 때문에 크레가 열원으로부터 멀어질수록 주변 온도는 점차 낮아질 것이다. 이상적으로는 사육장의 서늘한 끝쪽은 22℃ 이하여야 한다. 이와 같은 온도편차의 설정에 대한 필요성은 공간이 넓은 사육장을 사용해야 하는 가장 중요한 이유 중 하나다. 일반적으로 사육장이 크면 클수록 적절한 온도편차를 설정하는 것이 좀 더 쉬워진다. 밤에는 조명을 꺼야 하며, 가을부터 이듬해 봄까지는 내부온도를 20℃까지 떨어뜨린다.

습도 관리

습도는 간과해서는 안 되는 요건이다. 상대습도가 적절하지 않을 경우 탈피에 어려움을 겪을 수 있으며, 이로 인해 심각한 문제가 발생하거나 폐사에 이를 수도 있다. 또한, 습도가 낮을 경우 탈수를 초래할 수 있다. 탈피를 자주 하는 해츨링과 어린 개체는 특히 습도에 대한 의존성이 높다. 상대습도를 측정하는 장치인 습도계를 구입해 사용하는 것이 좋으며, 건조한 지역에서 사는 경우 특히 권장된다.

크레스티드 게코는 열대우림 유형의 생태계를 선호하기 때문에 사육장의 습도는 70~80% 사이를 유지해야 한다. 크레스티드 게코의 원서식지는 상대습도가 약 70% 정도 되는데, 사육하에서는 50~90%의 상대습도에도 잘 견딜 것이다. 이 수준 이하로 떨어질 경우 사육장 측면에 자주 분무를 해주는 것이 좋다. 식물에 정기적으로 물을 주고 사이프러스 멀치와 같은 특정 바닥재도 수분을 유지하도록 관리한다. 사육장에 살아 있는 식물을 식재한 경우 습도 수준을 유지하는 데 도움이 되므로 이 경우 습도는 상대적으로 크게 문제되지 않는다.

날씨가 건조해 상대습도를 높이고 싶다면, 밤마다 사육장에 분무기로 가볍게 물을 뿌려주도록 한다. 사육장 내부에 물그릇이나 촉촉한 바닥재 같은 수분공급원이 있다면, 사육장 위쪽의 철망을 반 정도 가려두는 것으로 상대습도를 어느 정도 높일 수 있다. 극도로 건조한 지역에서는 가습기를 설치하는 것도 좋은 방법이다. 가습기를 사용하면 실내를 적절한 습도로 유지할 수 있기 때문에 사육장에 정기적으로 분무를 해주지 않아도 괜찮다.

상대습도는 크레스티의 건강과 직결되므로 항상 모니터해서 적절한 습도를 유지할 수 있도록 한다. Brian Gratwicke/CC BY

조명 관리

크레스티드 게코의 태양광에 대한 욕구는 제대로 알려지지 않았지만, 야생에서 크레가 낮동안 나무의 바깥쪽 가지에 있는 잎사귀 속에 숨어서 보내기 때문에 자연광에 어느 정도 노출된다고 가정할 수 있다. 자연광에서 나오는 자외선의 B 파장(UVB)은 낮 동안 활동하는 파충류 종에 있어서 적절한 영양 공급을 위해 필요하다. 크레스티드 게코가 자연광 또는 UVB 파장을 방출하는 인공 파충류 조명에 노출되면 이로운지에 대해서는 정확하게 알려진 것이 없다.

크레스티드 게코는 밤에 활동하기 때문에 실내조명이나 창문을 통해 간접적으로 빛을 받을 수 있다면 별다른 조명이 필요하지 않다. 애호가들은 집 안의 형광등과 창문으로 들어오는 빛만을 이용해 많은 세대의 크레스티를 성공적으로 사육하고 번식해 왔다. 그러나 낮은 전압의 백열전구를 사육장에 설치하면 살아 있는 식물을 함께 기를 수 있으며, 조명 아래에 있는 나뭇잎에 누워 쉬는 모습 등 크레스티가 보여주는 자연 그대로의 행동을 더 많이 관찰할 수 있다. 필자의 경험에 비춰볼 때, 낮은 와트 수의 조명을 설치하면 개체의 성장속도를 높일 수 있다.

크레스티드 게코는 밤에 활동하기 때문에 실내조명이나 창문을 통해 간접적으로 빛을 받을 수 있다면 별다른 조명이 필요하지 않다. Jessi Swick/CC BY

살아 있는 식물에게 조명이 요구되거나 필요한 경우, 크레가 안전하다고 느낄 수 있도록 충분한 은신공간을 제공해야 한다. 크기가 큰 비바리움의 경우, 일부 식물에는 높은 출력을 가진 특수 형광등이 필요할 수 있다. 이 형광등은 와트 수가 낮은 전구용으로 만들어진 일반적인 조명기구에서는 작동하지 않으며, 제대로 작동하기 위해서는 올바른 유형의 안정기가 필요하다.

빛이 충분한 것처럼 보일지라도, 생체 내 조건은 햇빛에 노출되는 것과 동일하지 않다. 식물은 충분히 밝지 않으면 빛을 향해 뻗어나가 기형적으로 성장할 것이고, 매력적이지 않은 디스플레이를 연출할 것이다. 메탈 핼라이드 또는 기타 일반적인 조명은 크레스티드 게코가 싫어하는 엄청난 양의 열을 발산하므로 피해야 한다.

일반적으로 40W(75L 사육장)에서 60W(75L 이상 사육장) 사이의 전구에 반사갓을 씌우고 철망 위쪽에 달아주면 식물 성장에 필요한 열과 빛을 공급할 수 있다. 가능하다면 전구 중 하나는 파충류용 UVB램프로 대체하는 것이 좋은데, 이는 비타민D3 합성에 도움이 되는 자외선 B를 방출하기 때문이다. 그러나 크레스티드 게코 사육에서 UVB램프는 어디까지나 사육주의 선택사항이지 필수적인 것은 아니다. 대부분의 크레스티는 UVB램프를 제공하지 않아도 비타민/미네랄보충제를 통해 비타민D3를 공급하면 건강하게 잘 자란다.

크레는 밤에 20°C가량의 온도에서도 건강하게 성장하는데, 이는 대부분의 가정에서 겨울철에 일반적으로 유지되는 온도다. 온도가 정기적으로 13°C 이하로 내려가는 경우에만 밤에 추가적인 열원을 제공하는 것을 고려한다. 조명을 타이머에 연결해 사용하면 정기적인 광주기(빛에 노출되는 낮의 길이)를 쉽게 제공할 수 있다.

일반적으로 광주기는 더운 계절에는 14시간이어야 하고, 추운 계절에는 10시간으로 감소시켜야 한다. 가감저항기(加減抵抗器; 수동으로 열 방출을 조절하는 조광기-調光器, 온도계와 함께 사용한다) 혹은 자동온도조절기를 사용해 적정온도를 맞출 수 있다. 보다 정교하게 제작되고 성능이 좋은 자동온도조절기는 기본적으로 열 출력을 원하는 수준으로 낮춰 설정된 온도를 유지해 준다.

청소 관리

단순하게 세팅한 사육장이라면, 매일 종이바닥재를 교체해 주도록 한다. 인조잔디 카펫을 깔아 사용하는 경우 호스 끝에 분무기 노즐을 끼워 물을 뿌리거나 주방세제를 희석한 물에 담가서 세척한다. 사육장은 2주에 한 번 실외로 가지고 나가서 물을 뿌리거나(철망 사육장일 경우) 스펀지와 세제를 사용해 청소한다(플라스틱 또는 유리 사육장일 경우). 사육장은 10%로 희석한 표백제용액에 담가 소독할 수도 있다. 청소나 소독을 마친 후 인조잔디 카펫과 사육장을 깨끗하게 헹궈내도록 한다.

사육장의 벽은 적어도 매주 한 번씩 청소해야 한다. 비바리움의 경우 일주일에 한 번 사육장 벽면과 식물에 분무기로 물을 뿌려 배설물을 바닥으로 떨어뜨려 주고, 필요하다면 스펀지를 물에 적셔 옆면을 닦는다. 이 작업을 얼마나 자주 수행해야 하는지는 사육장 내에 수용된 크레스티드 게코의 수에 따라 달라진다. 유리 사육장의 경우 수세미나 면도날을 사용하면 말라붙은 배설물을 쉽게 떼어낼 수 있다. 단, 흠집이 날 수 있으므로 플라스틱 사육장에는 사용하지 않도록 한다. 분무기로 이물질을 모두 헹궈냈다면, 필요에 따라 바닥재와 살아 있는 식물에 물을 보충해 준다. 유리 사육장의 바깥 면과 미닫이문에는 유리세정제를 사용한다. 사육장 내부 청소 시에는 독성이 있는 청소용 화학물질을 사용하지 않도록 해야 한다.

사육장 바닥도 정기적으로 청소해야 한다. 크레스티드 게코는 종이바닥재 밑에 숨는 경우가 많으므로 종이바닥재를 교체한 후 필요하다면 사육장 바닥을 축축한 천으로 문질러 주도록 한다. 살아 있는 식물이 심어진 화분을 세팅했을 경우, 화분을 제거하고 배설물을 부드럽게 씻어내야 한다. 인조식물도 세척할 수 있다.

먹이의 급여와
영양관리

다른 대부분의 게코 종과 마찬가지로, 야생에서 크레스티드 게코는 여러 가지 다양한 곤충과 작은 척추동물을 먹이로 삼으며, 심지어 같은 종의 어린 개체들을 잡아먹을 수도 있다. 또한, 다양한 과일들을 식단에 포함시킨다. 크레스티드 게코는 기회가 된다면 과즙과 꽃가루 또한 먹을 수도 있으며, 베리류 같은 과일도 모두 섭취한다. 그러나 이구아나 및 비어디드 드래곤과 같은 초식성 도마뱀이 전형적으로 선호하는, 잎사귀류나 다른 종류의 채소는 먹지 않는 것으로 알려져 있다.

사육하에서 제공되는 식단은 야생에서 섭취하는 먹이에 비해 다양성이 떨어지므로 영양의 균형을 맞추는 데 노력해야 한다. 사육하의 크레스티드 게코에게 가장 좋은 식단은 야생식단을 모방한 것으로, 이는 것-로딩된 곤충과 부드러운 과일로 충족시킬 수 있다. 현재 시판되고 있는 전용먹이는 크레가 필요로 하는 대부분의 영양을 충족시켜 주며, 사실 많은 사육자들이 전용먹이만으로 크레를 기르고 있다. 이는 반려도마뱀으로서의 크레가 가지고 있는 가장 큰 장점이라고 할 수 있다.

그러나 대부분의 다른 종들과 마찬가지로 크레는 다양한 식단에서 이익을 얻을 수 있으며, 이는 식이과잉과 비타민 및 미네랄결핍을 최소화하는 데 도움을 준다. 이처럼 다양한 식단을 제공하더라도 결핍을 피하는 데 있어서는 항상 충분하지 않기 때문에, 식단의 일부를 비타민과 미네랄로 보충하는 것이 좋다.

먹이의 종류

크레스티드 게코는 기회주의적으로 벌레와 과일을 섭취하는 동물이다. 야생에서는 특정 꽃의 꿀이나 꽃가루도 먹을 수 있지만, 사육하에서는 양식 귀뚜라미나 퓌레(특히 베이비 푸드) 혹은 크레스티드 게코 전용으로 시판되는 먹이를 급여해도 잘 자란다. 일부 성체의 경우 가끔 핑키(pinky; 갓 태어난 생쥐)를 먹기도 한다.

■**귀뚜라미** : 곤충은 주요 식단으로 제공하든 가끔 간식으로 제공하든 크레스티드 게코에게 훌륭한 먹이가 된다. 귀뚜라미와 빠르게 움직이는 곤충은 모든 개체가 열심히 사냥하고 먹는다. 크레스티드 게코는 귀뚜라미를 쫓는 것을 좋아하는 것처럼 보이는데, 이러한 행동은 또한 필요한 운동량을 제공할 수도 있다. 흔히 볼 수 있는 국내산 또는 집귀뚜라미인 갈색 귀뚜라미는 쉽게 구할 수 있는 먹이곤충 중 하나이며, 적극 권장된다. 파충류를 전문으로 하는 대부분의 숍은 여러 가지 크기의 귀뚜라미를 구비하고 있으며, 인터넷 쇼핑몰에서 온라인으로 구매할 수 있다.

만약 부모개체와 함께 해츨링을 기르고 있다면 다양한 크기의 귀뚜라미를 준비해야 한다. 귀뚜라미를 먹이로 제공할 때는 부상을 입지 않도

사육하에서는 귀뚜라미나 베이비 푸드, 크레스티드 게코 전용 먹이를 급여해도 잘 자란다.

록 적절한 크기의 개체를 제공하는 것이 중요하다. 크레의 눈 사이의 길이보다 더 크지 않은 귀뚜라미를 제공하도록 하는 것이 좋으며, 이는 특히 작은 크레스티드 게코에게 급여할 때 중요하다. 과도하게 큰 먹이는 크레스티의 소화기관에 치명적인 영향을 끼칠 수 있기 때문이다.

또한, 귀뚜라미를 급여할 때는 사육장에 너무 많은 수의 개체를 두지 않도록 해야 한다. 성체 귀뚜라미는 밤에 시끄럽게 울어 수면을 방해하며, 과도한 수의 귀뚜라미는 크레를 귀찮게 하고 크레가 귀뚜라미로부터 벗어날 수 없다면 스트레스를 유발할 수 있다. 크레가 먹고 남은 귀뚜라미를 즉시 제거하지 않으면 결국 죽고 부패해 오염된 환경을 조성하게 된다.

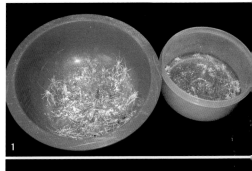

■채집된 곤충 : 일부 사육자들은 야생에서 잡은 곤충으로 식단을 보충하기도 하는데, 살충제에 오염됐거나 기생충에 감염됐을 수 있기 때문에 주의를 요한다. 모기와 같은 해충을 구제하기 위해 살충제가 살포된 지역에서는 특히 위험하다. 어떤 곤충은 물거나 독소를 방출해 크레

1. 가능하다면, 사냥의 재미를 느끼게 하고 균형 잡힌 영양을 제공할 수 있도록 일주일에 한두 번은 귀뚜라미를 급여하는 것이 좋다.　2. 크레의 미간 길이보다 크기가 큰 귀뚜라미는 급여하지 않는 것이 바람직하다. 보충제를 묻힌 귀뚜라미를 주로 급여한 브리더들이 아주 좋은 성과를 냈다.　3. 대부분의 크레는 밀웜을 선뜻 먹으려고 하지 않는다. 하지만 성체 중에서는 바로 먹는 법을 깨우치는 개체도 있다.

를 다치게 할 수 있고, 딱딱한 껍질을 지닌 딱정벌레 등은 크레의 장에 손상을 줄 수 있기 때문에 가능한 한 곤충을 채집해 급여하는 것은 삼가는 것이 바람직하다.

귀뚜라미의 관리

귀뚜라미는 과밀을 방지하기 위해 큰 용기에 보관해야 한다. 귀뚜라미를 구매했을 때 함께 포장돼오는 달걀판을 용기에 넣어주면 표면적을 늘릴 수 있다. 종이타월이나 롤화장지 심도 사용할 수 있다. 귀뚜라미가 튀어나오지 못하도록 용기 옆면은 높이가 최소 60cm가 돼야 하며, 용기의 벽은 귀뚜라미가 기어오르지 못하도록 매끄러워야 한다. 여의치 않은 경우 안전한 철망뚜껑을 사용한다.

파충류 숍의 귀뚜라미는 한 가지 먹이만 제공해 관리하는 경우가 많은데, 이러한 조건하에서 자란 귀뚜라미는 크레스티드 게코에 유용한 영양을 거의 제공하지 못한다. 영양학적으로 가치가 있기 위해서는 귀뚜라미가 다양한 과일과 채소를 섭취해야 한다. 따라서 사과, 감귤류 과일, 잎이 많은 채소, 호박 등을 골고루 준비해서 귀뚜라미가 항상 먹을 수 있도록 제공해 주는 것이 좋다.

살충제 잔류물에 의해 중독될 가능성을 방지하기 위해 귀뚜라미에게 먹이로 제공되는 과일이나 채소는 항상 깨끗하게 세척해야 한다. 귀뚜라미 것-로딩 사료는 건조한 과립 형태로 시중에서 판매되는 것을 구할 수 있지만, 귀뚜라미에 필요한 수분을 공급하는 과일 및 채소 대신으로 사용해서는 안된다. 귀뚜라미를 것-로딩했다고 해서 그것이 영양적으로 동일하다는 것을 의미하지는 않는다. 크레스티드 게코의 식단을 완성하기 위해서는 비타민과 미네랄을 보충하는 것도 필요하다.

사육장 안에서 마음대로 뛰어다니는 귀뚜라미들은 크레에게 성가실 뿐만 아니라 위험을 초래할 수 있다. 배가 고픈 귀뚜라미는 무엇이든 먹게 되는데, 사육장 안에 있는 식물들이 포함될 수도 있고, 크레가 포함될 수도 있다. 귀뚜라미는 크레의 눈과 발가락에 심각한 손상을 입히고, 심지어 해츨링과 느리게 움직이는 종들을 죽이는 것으로 알려져 있다. 따라서 귀뚜라미를 너무 많이 공급하지 않도록 주의하고, 과다하게 공급된 귀뚜라미는 제거하도록 한다.

■**밀웜 및 기타 먹이** : 크레는 밀웜, 왁스웜 및 다른 비슷한 종류의 곤충 유충을 거부하는 경우가 많은데, 이는 아마도 이러한 유충들의 움직임이 느리기 때문일 것이다. 어떤 크레는 이러한 먹이를 먹기도 하지만, 귀뚜라미에 비해 선호되지 않는다. 핑키의 경우 사육 초기에는 선호되지 않았지만 요즘은 생각보다 잘 먹는다.

■**과일 및 가공식품** : 곤충 외에도 야생의 크레스티드 게코는 다양한 종류의 부드러운 과일과 기타 달콤한 먹이를 먹고 산다. 따라서 과일을 기본으로 한 많은 종류의 먹이를 식단에 포함시키는 것이 좋다. 포도, 키위, 딸기, 블루베리, 블랙베리, 멜론, 칸탈루프, 사과, 수박, 체리, 배, 복숭아, 자두, 바나나 등의 과일을 크레 식단에 이용할 수 있다. 상업적인 식단이 등장하기 전에는 과일 맛이 나는 베이비 푸드가 크

레스티드 게코 식단에 사용됐다. 많은 사육자들은 과일이 첨가된 베이비 푸드 혼합물로 달콤한 과일과 과즙에 대한 크레스티의 요구를 충족시켜 주는 것을 선호한다.

다양한 맛의 베이비 푸드는 저렴하고 어디에서나 쉽게 구할 수 있다. 바나나, 복숭아, 구아바, 파파야 베이비 푸드는 대부분의 크레들이 좋아하는 것으로 보인다. 싫어하는 개체도 있으므로 특정 개체가 선호하는 것이 무엇인지 확인하기 위해 이것저것 시도해 볼 필요가 있다. 과일 맛이 첨가된 육류 베이비 푸드는 식단에 필수단백질을 추가하게 되며, 칠면조나 닭고기 베이비 푸드는 크레 브리더들이 가장 자주 사용한다. 크레스티드 게코는 고기 베이비 푸드를 그다지 선호하지 않는 것으로 보이므로 고기 맛은 혼합물의 1/4 이하로 구성돼야 한다.

베이비 푸드는 크레의 건강을 위한 비타민과 미네랄을 적절하게 제공해 주지 못하기 때문에 보다 완벽하고 균형 잡힌 영양을 제공하기 위해서는 식단을 보충해야 한다. 그러나 식단을 완벽하게 보충해 줄 수 있을 정도로 크레의 영양적 요구를 잘 이해하는 사육자는 많지 않으며, 이러한 과정은 손쉬

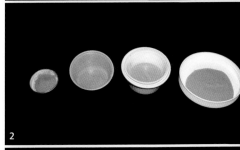

1. 가까운 식료품점에서 혼합식단을 위한 재료를 구할 수 있다. 바나나, 혼합과일, 살구, 복숭아 등의 과일 퓌레를 닭고기와 4:1 혹은 5:1 비율로 섞는다. 2. 크레 전용먹이나 직접 만든 퓌레를 얕은 그릇에 담아 제공한다. 양은 크레의 머리 크기와 비슷한 부피로 급여하면 된다. 3. 퓌레를 급여할 때는 탄산칼슘이나 탄산칼슘-D3 보충제를 첨가해야 한다. 먹이그릇은 사육장에 최대 36시간까지 넣어둘 수 있다. 대다수의 크레는 사육장에 먹이를 넣어준 다음 날에 먹기 시작할 것이다.

운 먹이공급원으로 베이비 푸드를 사용하는 의미가 없어지는 요소다. 따라서 베이비 푸드는 적절한 '비상식'으로 사용될 수 있지만 장기적으로 사용해서는 안 된다.

■전용먹이 : 사육하의 크레스티드 게코를 위해 특별히 제조된 전용먹이를 이용하면 간편하게 먹이를 급여할 수 있다. 현재 크레스티를 위해 제조 시판되는 전용먹이는 대부분 건조한 분말 형태의 제품이며, 권장량의 물과 적절하게 혼합해 얇은 먹이그릇에 담아 급여하면 된다.

세계 최대 규모의 게코 브리더인 파충류 전문가 앨런 레파시(Allen Repashy)는, 완벽하게 균형 잡힌 식품을 개발해 크레스티드 게코 다이어트(Crested Gecko Diet, T-REX)라는 이름으로 판매하고 있다. 밝은색의 발현을 최적화하기 위한 식물색소를 비롯해 대사성 골질환을 예방하는 데 필요한 칼슘과 비타민D3를 포함한 완벽한 식품이다.

베이비 푸드를 좋아하는 크레스티드 게코에게는 베이비 푸드와 전용먹이를 섞어서 급여하다가 점차적으로 베이비 푸드의 양을 줄여나가면 된다. 해츨링의 경

크레스티가 전용먹이만으로도 사육 가능하다는 것은 살아 있는 먹이곤충의 급여를 꺼리는 파충류 애호가들로부터 폭발적인 사랑을 받는 가장 큰 장점이다.

우 전용먹이를 처음부터 급여하면 먹이붙임이 좋다. 간혹 전용먹이를 거부하는 개체들이 있을 수도 있으며, 이 경우 주의 깊게 살펴보고 크레스티가 굶주리는 일이 생기지 않도록 귀뚜라미와 베이비 푸드를 별도로 준비해 급여하는 것이 좋다.

일부 브리더는 과일 및 과즙을 먹는 앵무새 종인 로리(Lories)와 로리킷(Lorikeets)에게 사용하기 위해 고안된 분말믹스를 이용하기도 한다. 분말로 된 로리 푸드는 일정량의 물과 혼합하면(패키지의 지시사항 참고) 반액질의 점성을 띠게 된다. 로리 푸드는 일부 반려동물 숍과 대부분의 조류 전문점에서 구할 수 있다.

먹이급여방법

크레스티드 게코는 자신의 미간 길이와 같은 크기의 귀뚜라미를 쉽게 먹을 수 있다. 새로 태어난 새끼들은 6mm 정도 크기의 귀뚜라미를 먹을 수 있고, 몇 달 후에 12mm 크기의 귀뚜라미로 옮겨갈 수 있다. 이후 성체 귀뚜라미를 먹고, 남은 기간 동안 계속 성체 귀뚜라미를 먹을 수 있다. 확실하지 않다면 작은 귀뚜라미를 제공하는 것이 좋지만, 양질의 식사가 될 만큼 충분한 양을 잡기가 어려울 것이므로 성체 크레에게 6mm 정도의 작은 귀뚜라미를 제공하는 것은 바람직하지 않다.

귀뚜라미를 급여할 때는 분말 비타민/미네랄보충제, 칼슘이나 비타민D3 보충제로 가볍게 보충해 주도록 한다. 비타민/미네랄보충제가 비타민D3를 함유하지 않은 제품이라면 비타민D3와 함께 칼슘을 사용한다. 귀뚜라미의 경우 뚜껑 있는 용기에 넣고 소량(성체는 개체 한 마리당 한 자밤, 주버나일은 개체 열 마리당 한 자밤)의 비타민/미네랄 분말을 뿌린 다음 귀뚜라미가 코팅되도록 용기를 부드럽게 흔들어 준다.

비타민보충제를 첨가한 베이비 푸드 혼합물은 작은 그릇이나 접시에 담아 제공하며, 빈 베이비 푸드 병뚜껑을 사용하면 좋다. 베이비 푸드가 담긴 접시를 쉽게 뒤집히지 않는 위치에 놓거나 크레스티가 좋아하는 은신처 근처에 둔다. 소심한 성격을 지닌 개체는 불이 꺼진 밤에만 먹을 것이다. 자신이 기르는 개체의 습관에 대해 배우고 먹이급여일정을 적절하게 조정하도록 하자. 먹지 않고 남은 베이비 푸드 혼합물은 빠르게 부패해 비위생적인 환경을 조성하므로 12시간 이상 방치하지 않는 것이 좋다. 다 먹은 후에는 항상 베이비 푸드를 담은 그릇을 제거한다.

한 번에 얼마나 많이 먹는지 관찰하고, 먹을 수 있는 양보다 더 많은 양을 제공하지 않는 것이 좋다. 특히 해츨링이 있는 집단 사육장에 많은 양을 제공하는 것은 피해야 한다. 해츨링은 끈적끈적한 혼합물에 빠져 익사할 수도 있고, 만약 이 혼합물에 뛰어들거나 통과하려고 한다면 질식할 수도 있다. 갇히지 않더라도 발에 과다한 양의 베이비 푸드가 묻은 경우 등반능력에 지장을 줄 수 있다. 크레스티드 게코는 종종 사육장 여기저기에 베이비 푸드를 묻히며 돌아다닐 것이고, 베이비 푸드의 흔적을 빨리 청소하지 않으면 곰팡이가 발생할 수 있다.

분말 Crested Gecko Diet는 간단하게 혼합해 먹일 수 있는 완벽한 제품이다. Florence Ivy/CC BY-ND

베이비 푸드의 대안으로는 과일 퓌레가 있다. 비타민보충제와 함께 각종 과일을 섞어서 베이비 푸드를 제공하는 것과 같은 방법으로 급여할 수 있다. 바나나처럼 부드러운 과일은 으깨서 제공한다. 과일을 급여할 때는 왁스나 살충제를 제거하기 위해 항상 깨끗하게 씻은 후 부드러운 펄프로 부수거나 작은 조각으로 잘라 제공한다. 독성을 함유하고 있을 수도 있으므로 체리나 자두는 껍질과 씨를 모두 제거한 후 급여하는 것이 바람직하다. 크레는 자신만의 독특한 선호도를 가지고 있으며, 어떤 것은 좋아하고 어떤 것은 기피할 수도 있다. 자신의 크레스티드 게코가 선호하는 먹이를 확인하기 위해서는 여러 차례의 실험과 관찰이 필요하다.

전용먹이는 물과 1:3 비율(제조사마다 다를 수 있으므로 설명서 참고)로 섞어서 급여한다. 먼저 물을 조금만 넣고 반죽이 될 때까지 저은 다음, 나머지 분량의 물을 마저 부어주면 골고루 섞을 수 있다. 제대로 제조했다면 걸쭉한 죽 형태가 될 것이다. 전용먹이 반죽은 최대한 잘 혼합된 상태로 먹을 수 있도록 제조 즉시 급여해야 하며, 상황에 따라 사육장에 최대 36시간까지 넣어둘 수 있다. 먹지 않고 남은 것은 버려야 한다.

크레 전용먹이는 영양학적으로 완전하며, 귀뚜라미를 제공할 필요가 없어 귀뚜라미를 다루는 것을 꺼리는 사육자들에게 매우 유용하다. 일부 브리더의 경우 전용먹이만을 급여해 사육하지만, 보통 전용먹이와 귀뚜라미 등을 혼합해 급여한다.

먹이급여횟수

먹이를 급여하는 빈도는 몇 가지 요인에 따라 달라질 것이다. 우선 해츨링의 경우는 빠른 성장을 위해 매일 먹이를 급여해야 한다. 성체는 어린 개체에 비해 급여횟수를 줄일 수 있지만, 번식 중인 개체는 번식하지 않는 개체보다 더 자주 급여해야 한다. 바람직하게는, 해츨링은 베이비 푸드나 전용먹이(보충제와 함께)를 2일마다 제공해야 하며, 갓-로딩된 6mm 크기의 귀뚜라미(한 번에 2~3마리)를 주 2회 제공해야 한다. 아성체와 성체는 일주일에 두 번 베이비 푸드나 전용먹이 등을 제공할 수 있으며, 갓-로딩된 귀뚜라미를 일주일에 두 번(한 번에 7~8마리) 제공할 수 있다.

크레스티드 게코는 살아 있는 곤충을 좋아하므로 가능하다면 일주일에 한두 번 정도 급여하면 좋다. 살아 있는 곤충을 급여하면 크레스티드 게코가 사냥의 즐거움을 느낄 수 있을 뿐만 아니라 식단의 균형을 맞추는 데도 도움이 된다. 크레스티드 게코에게 곤충 위주의 식단을 급여한 브리더들이 그렇지 않은 경우보다 상대적으로 좋은 결과를 보였다.

퓌레나 전용먹이와 함께 칼슘/비타민보충제를 사용한 브리더들 역시 버금가는 결과를 얻었다. 필자는 개인적으로 크레스티드 게코 다이어트(Crested Gecko Diet, T-REX)나 과일 퓌레를 일주일에 두 번, 곤충은 일주일에 한 번 급여한다. 보충제를 묻힌 귀뚜라미를 우묵한 그릇에 담아 사육장에 넣어두면, 칼슘/비타민보충제가 떨어지는 것을 방지하고 크레가 출출할 때마다 자유롭게 잡아먹을 수 있다.

먹이급여빈도는 크레의 상태(해츨링, 성체, 번식 중인 개체 등)에 따라 달라진다.

이상적인 먹이급여일정을 위해서는 유연성이 필요하다. 1년 중 대부분 동안 일주일에 세 번, 저녁에 먹이를 급여하는 것이 가장 좋은 일정이다. 기온이 떨어지는 겨울에는 일주일에 한 번이나 두 번 먹이를 급여해도 충분하다. 사육장 온도를 약 17℃로 낮추고 거의 한 달 동안 아무것도 급여하지 않는 브리더도 있다.

먹이를 얼마나 자주 급여할지는 사육자마다 그리고 크레의 상태와 사육환경에 따라 달라질 수 있으며, 어떤 것이 옳고 그르다고 단정지을 수 없다. 어떤 사육자는 매일 먹이를 급여하는 반면, 어떤 사육자는 일주일에 한 번 귀뚜라미를 먹이고 일주일에 한 번 퓌레나 전용먹이를 먹인다. 만약 여러분이 자주 먹이는 것을 선호하지 않는다면, 크레의 외형과 체중을 항상 모니터해야 한다. 또한, 매 급여 때마다 적절한 보충제를 제공하는 것이 더 중요해진다. 권장하는 것보다 더 자주 먹이를 급여한다면 비만이 문제가 될 수 있으며, 특히 번식하지 않는 개체의 경우 더욱 그렇다. 과잉보충 또한 문제를 일으킬 수 있으므로 과다 급여하지 않도록 주의하자.

먹이급여량

크레스티드 게코는 몸집이 큰 동물이 아니며, 활동수준이 다소 낮기 때문에 많은 양의 먹이를 필요로 하지 않는다. 대부분의 크레스티 사육자들은 일주일에 몇 번 소량의 식단을 제공한다. 일반적인 먹이요법은 월요일, 수요일, 금요일에 전용먹이를 제공한 다음(한 번에 약 24시간 동안 먹이를 사육장에 두고), 화요일, 목요일, 토요일에 곤충을 제공하는 식이다. 귀뚜라미를 급여하는 경우 크레가 약 10분 안에 섭취할 수 있는 만큼의 수만 제공하고, 먹고 남은 귀뚜라미는 즉시 제거하도록 한다. 크레스티드 게코의 성장(어린 개체의 경우), 체중(나이 든 개체의 경우)을 잘 관찰해 충분한 양의 먹이를 급여하는 것이 바람직하다.

수분 공급

다른 대부분의 동물과 마찬가지로, 크레스티드 게코도 건강하게 지내기 위해서는 충분한 식수를 필요로 한다. 어떤 개체는 물그릇에 담긴 물을 마시기도 하지만, 대부분은 물방울을 핥는 것을 더 좋아하기 때문에 사육장, 횃대, 사육장 내부의 식물에 분무를 해주는 방법으로 수분을 공급하는 것이 좋다. 분무는 식수 공급 외에 사육장의 습도를 높이는 추가적인 이점을 제공하며, 횃대와 식물 잎사귀 등의 표면에 묻어 있는 오염물질을 씻어내는 효과가 있다. 상대습도(공기 중 수분의 양) 또한 크레스티의 건강에 중요한 요소인데, 물을 마시는 것은 크레스티에게 수분을 공급하도록 돕는 반면, 공기 중의 수분은 크레의 피부를 건강하게 하고 호흡기질환이 발생하는 것을 예방한다.

휴대용 분무기, 가압장치 또는 자동 미스팅 시스템을 이용해 분무를 할 수 있다. 보통 크레스티 한 마리를 돌보는 사육자에게는 저렴한 휴대용 분무기로도 충분하지만, 여러 개체를 관리하는 사육자들의 경우 후자의 두 가지 옵션이 더 효율적일 수 있다.

어린 해츨링의 경우 하루에 두 번, 성체의 경우 하루에 한 번 사육장에 분무를 해주는 것이 좋다. 분무를 할 때는 사육장 벽면, 식물 잎사귀 등에 충분히 물을 뿌려서 이들 표면에 물방울이 맺히도록 해줘야 한다. 한편,

1. 현재 기르고 있는 크레의 몸 굵기와 비슷한 깊이의 물그릇을 선택하는 것이 바람직하다. **2.** 습도계를 이용해 상대습도를 측정할 수 있다. **3.** 사육장 내의 상대습도를 높이기 위해 밤에 분무기로 물을 뿌려주는 것이 좋다.

분무를 충분히 해준다 해도 물그릇은 항상 제공하는 것이 좋다. 물그릇을 제공할 때 물의 깊이는 크레스티가 설 수 있는 정도보다 더 깊어서는 안 된다. 해츨링의 경우 물그릇에 빠져 바닥에 닿지 못하면 쉽게 익사할 수 있다.

수분을 공급할 때는 수질 또한 확인해야 하는 매우 중요한 요소인데, 도시의 수원은 잠재적으로 유독성을 띠는 화학물질, 특히 염소를 많이 함유하고 있을 수 있으므로 주의해야 한다. 수질은 지역조건에 따라 다양하며, 일부 지역은 철분이나 미네랄 함량이 높기 때문에 분무를 했을 때 사육장에 얼룩이 생길 수도 있다.

일부 사육자들은 탈염소 처리된 물이나 정제된 물 또는 샘물을 주는 것을 선호하지만, 많은 사육자들이 수돗물을 제공하는 것을 선호한다. 정제된 생수와 샘물은 일반적으로 크레에게 안전하지만, 전해질 불균형을 일으키지 않도록 증류수는 피해야 한다. 수돗물의 경우 크레에게 제공하기 전에 중금속이나 다른 오염물질이 없는지 확인하기 위해 관련 검사를 시행하는 것이 현명하다.

비타민/미네랄보충제의 공급

크레스티의 식단에 종합비타민 및 비타민D3와 함께 칼슘을 보충하는 것의 중요성을 간과해서는 안 된다. 보충제를 추가하지 않은 곤충과 과일 퓌레로 구성된 식단만 제공받은 크레의 건강은 안락사시켜야 할 정도로 악화될 수도 있다. 종종 불충분한 식단으로 인해 발생하는 증상은 문제가 진전된 단계 혹은 치료할 수 없는 단계에 이르렀을 때가 돼서야 명확하게 확인할 수 있는 경우가 많다. 따라서 이러한 상황이 발생하지 않도록 크레의 건강을 늘 모니터하는 습관이 중요하다.

야생의 크레스티드 게코는 독특한 서식지 식단으로부터 그들이 필요로 하는 모든 영양소를 얻는다. 그들은 또한 자연적으로 발생하는 퇴적물에서 의도적으로 다양한 미네랄과 미량원소를 채취하거나, 먹이섭취 시 또는 다양한 물체의 표면에서 물방울을 핥을 때 우연히 채취할 수 있다. 뉴칼레도니아에서 자라는

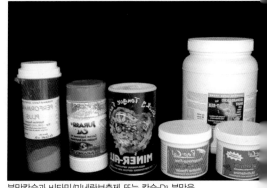

분말칼슘과 비타민/미네랄보충제 또는 칼슘-D3 분말을 먹이급여 시 보충해 주는 방법으로 대사성 골질환을 간단하게 예방할 수 있다.

식물로 자연적으로 것-로딩된 서식지의 먹이
곤충은 인공번식해서 적절하게 것-로딩된 귀
뚜라미와는 완전히 다른 영양성분을 가지고
있을 수 있다. 따라서 사육하의 크레스티드
게코는 비타민과 미네랄이 적절하게 조합된
먹이를 정기적으로 보충해 줘야 한다.

영양적인 문제는 비타민이나 미네랄이 부족
한 경우뿐만 아니라 이를 너무 과다하게 섭취
했을 때도 생길 수 있고, 특정한 조합 또한 문
제를 일으킬 수 있다. 불행하게도, 크레스티
에 있어서 비타민, 미네랄, 미량원소의 요구
량은 정확하게 알려지지 않았다. 선호되는 보
충방법은 브리더마다 각각 다르며, 오로지 실
험을 통해 성공한 정도를 기초로 한다.

대부분의 브리더들은 분말보충제를 사용하
는데, 귀뚜라미를 더스팅할 때 미세한 분말은
거친 분말보다 더 잘 달라붙는다. 몇몇 브리

사육하의 크레스티드 게코는 비타민과 미네랄이
적절하게 조합된 먹이를 정기적으로 보충해 줘야
한다. Florence Ivy/CC BY-ND

더는 순수한 식단에 조류용 액상비타민 혼합제를 사용하기도 한다. 이러한 영양적
강화는 칼슘보충제, 종합비타민보충제, 칼슘과 종합비타민이 모두 들어 있는 보충
제의 형태로 이용할 수 있다. 특정 보충제 하나만으로 완벽하다고 확신하는 것은
바람직하지 않으며, 칼슘보충제와 종합비타민보충제의 조합을 사용하는 것이 좋
다. 칼슘과 종합비타민의 적절한 균형은 사용되는 브랜드에 따라 달라질 수 있다.

■비타민의 보충 : 많은 사육자들은 상업적으로 생산된 비타민/미네랄보충제를 크
레의 먹이에 정기적으로 첨가한다. 이론적으로 이러한 보충제는 식이결핍을 바로
잡고 사육하의 크레스티에게 균형 잡힌 식단을 제공하는 데 도움이 된다.

그러나 일부 비타민과 미네랄의 경우, 독성 수준까지 축적될 가능성은 낮지만 과잉섭취할 경우 문제를 일으킬 수 있다. 따라서 단순히 모든 식단에 보충제를 추가할 수는 없으며, 합리적인 보충일정을 결정해야 한다. 또한, 보충제는 대부분 먹이곤충에게 뿌리도록 고안된 미세한 분말로 제조되기 때문에 크레스티에게 제공할 다양한 비타민과 미네랄의 양을 정확히 확인하는 것은 어려울 수 있다.

이러한 이유로 크레에게 적절한 복용량을 정확하게 제공하는 것이 어려우며, 필요한 양을 초과하거나 부족할 수 있는 가능성은 늘 존재한다. 크레의 나이, 성별, 건강은 모두 그들이 필요로 하는 비타민과 미네랄의 양에 영향을 미치며, 보충제의 개별제품마다 독특한 구성을 가지고 있으므로 보충일정을 결정하기 전에 수의사와 상의하는 것이 현명하다. 대부분의 사육자들은 일주일에 한 번 비타민보충제를 제공하고, 칼슘보충제는 일주일에 여러 번 제공한다.

■**칼슘의 보충** : 칼슘은 주버나일의 경우 특히 골격발달에 매우 중요하다. 또한, 번식 중인 암컷의 경우 알껍데기가 형성되는 과정에서 칼슘비축량이 빠르게 고갈되기 때문에 역시 중요하다. 비타민D3는 칼슘의 이용에 필요하며, 따라서 칼슘보충제성분에 포함돼야 한다. 하지만 비타민D3의 섭취는 규제될 필요가 있다.

비타민D3의 부족은 칼슘의 신진대사를 방해하는 것이 분명하지만, 너무 많이 섭취하게 되면 칼슘의 과다흡수가 이뤄져 심각한 문제를 일으킬 수 있다. 보충제 브랜드의 설명서를 확인하는 것이 가장 좋으며, 칼슘보충제를 종합비타민보충제와 혼합할 때는 두 가지 유형 중 하나만 비타민D3를 함유한 것으로 선택해 과다복용을 방지하도록 해야 한다. 일광욕을 하는 파충류는 비타민D3의 합성에 중요한 UVB에의 노출을 필요로 한다. UVB는 야생에서 태양광을 통해 얻어지는데, 사육하에서는 UVB를 방출하는 파충류 조명을 통해 이러한 기능을 기대할 수 있다.

앞서 언급했듯이, UVB 빛이 크레스티드 게코 같은 야행성 도마뱀에게 어떤 식으로든 이용되고 있는지는 지금까지 알려져 있지 않다. 야생에서 하루를 나무 구멍에서 보내는 다른 종과 비교할 때 크레는 나무 잎사귀에서 잠을 자며 시간을 보낸

세계 최대 규모의 게코 브리더인 파충류 전문가 앨런 레파시(Allen Repashy)는, 균형 잡힌 식품을 개발해 크레스티드 게코 다이어트(Crested Gecko Diet, T-REX)라는 이름으로 판매하고 있다.

다. 이와 같은 상황에서 태양광에 대한 최소한의 노출이 이뤄질 수 있다고 추정할 수 있다. 그럼에도 불구하고, 태양광의 필요성은 여전히 존재한다. 사육하의 크레스티드 게코는 불이 켜지면 숨는 경향이 있으며, UVB를 성공적으로 이용하지는 못할 것이다. 따라서 적절한 보충제 대신으로 UVB조명을 사용할 것을 권장할 수는 없다.

인과 비타민A는 둘 다 칼슘을 적절하게 이용하는 도마뱀의 능력과 상호작용한다. 칼슘과 인의 비율은 1:2에 가까워야 하며, 비타민D3와 비타민A의 비율은 1:1이어야 한다. 비타민A를 과다 섭취하면 심각한 건강문제를 일으킬 수 있으며, 아연은 비타민A의 운반에 필요하다. 칼슘수치가 높으면 아연 흡수를 억제하고, 따라서 비타민A의 활용을 방해하게 된다.

크레스티드 게코는 림프낭(endolymphatic sac)에 칼슘을 저장한다. 데이 게코(Day gecko, *Phelsumn sp*)와 같은 많은 종에서, 이와 같은 저장낭은 목의 양쪽에 위치하며, 액화 탄산칼슘이 가득 찼을 때 크게 돌출된다. 크레스티드 게코 같은 종에서 이 저장낭은 구강 안쪽에 위치한, 두 개의 짝을 이룬 흰색 구조물로 확인할 수 있다. 많은 브리더들이 이 구조물이 꽉 차게 보이면 크레스티가 칼슘을 적절하게 보충받고 있다고 판단하는데, 반드시 그렇다고 볼 수는 없는 것으로 확인된 바 있다.

저장낭이 고갈된 상태는 분명히 문제가 있는 것이다. 하지만 대사성 골질환의 명확한 증상을 보여주는 많은 개체에 있어서 이 저장낭이 여전히 꽉 차 있는 경우도 볼 수 있다. 이 경우 크레가 적절한 양의 칼슘을 섭취하고 있을 수도 있지만, 비타민A나 비타민D3 등의 높은 수준 또는 낮은 수준과 같이 불균형한 보충으로 인해 신체가 제대로 활용하지 못하는 상황일 수도 있는 것이다.

Chapter 05

크레스티드 게코의
건강과 질병

크레스티드 게코에게 잘 걸리는 질병의 종류
와 진단방법, 질병발생 시의 응급처치법과 치
료 및 예방에 대해 알아본다.

01
section

질병의 징후와 예방

크레스티드 게코는 매우 강건한 도마뱀으로 보통 사육하에서 제공되는 조건에서 거의 질병에 걸리지 않으며, 적절하게 잘 관리된다면 오랫동안 건강하게 살 수 있다. 크레스티드 게코에게서 일반적으로 나타나는 건강문제의 대부분은 사육주의 부적절한 관리로 인해 발생하는 것이며, 그중 가장 흔한 원인은 영양불균형이라고 할 수 있다. 이번 섹션에서는 질병에 걸린 개체에게서 볼 수 있는 증상과 질병을 예방하기 위한 방법들에 대해 알아본다.

질병의 징후

대부분의 파충류와 마찬가지로, 크레스티드 게코도 이미 치료할 수 없는 상태에 도달하기 전까지 질병에 걸린 것을 사육자가 알아채지 못하는 경우가 많다. 질병에 걸린 개체에게 최선의 회복기회를 제공하기 위해서는 파충류 경험이 있는 수의사의 도움을 받아 부상과 질병을 신속히 치료하는 것이 매우 중요하다.

크레스티드 게코에게 나타나는 가장 흔한 질병의 증상을 살펴보면 다음과 같다. 자신의 개체를 늘 세심하게 모니터해 평소와는 다른 이상징후를 보이는 경우 즉각적인 조치를 취할 수 있도록 하자.

■**체중감소** : 점진적인, 혹은 급격한 체중감소는 크레스티드 게코가 병에 걸렸다는 뚜렷한 신호다. 내부기생충이 체중감소의 흔한 원인이지만, 보통 동물은 어딘가 아프면 먹이를 먹지 않기 때문에 다른 질병에 걸렸을 가능성 또한 의심해 볼 필요가 있다. 기생충이나 세균감염 여부를 확인하기 위해 먼저 동물병원에서 대변검사부터 하고 이후 필요한 치료과정을 따르도록 한다.

■**활동량 감소** : 활동량이 감소하는 증상 역시 질병에 걸린 개체에게서 흔히 볼 수 있으며, 특히 체중감소 같은 다른 증상이 함께 나타난다면 크레의 상태가 정상이 아닐 가능성이 매우 크다는 점을 기억하도록 한다.

■**무르고 구부러지는 뼈** : 대사성 골질환(metabolic bone disease, MBD)의 증상이며, 일반적으로 칼슘이나 비타민D3 결핍이 원인이다. 치료가 어려울 정도로 병이 진행된 다음에야 발견되는 경우가 많으며, 가장 먼저 나타나는 증상은 턱뼈가 물러지는 것이다(연화턱). 상대적으로 얇은 아래턱에 주로 나타나고, 이로 인해 먹이섭취가 어려워지거나 아예 불가능해진다. 병의 정도가 심하지 않다면 골반기형이나 플로피 테일(floppy tail) 증상이 나타날 수 있다(MBD 외의 원인으로도 나타남). 칼슘을 충분히 섭취하지 못한 암컷의 경우 알이 껍질샘을 통과하는 과정 중 또는 산란을 완료한 직후에 뼈가 물러지는 현상이 흔히 나타난다. 상태가 심각하면 칼슘을 주사하기도 하는데, 이런 경우 보통 스트레스로 인해 스스로 꼬리를 끊어낸다.

■**탈피부전** : 탈피부전이란 탈피를 완전하게 하지 못한 상태, 즉 허물을 전부 벗겨내지 못하는 현상으로 상대습도가 낮거나 건강상태가 좋지 않으면 발생한다. 최소

질병에 걸렸을 때 나타나는 증상을 잘 알아뒀다가 평소와는 다른 이상징후를 보이는 경우 즉각적인 조치를 취하도록 하자.

한 50% 수준의 습도를 유지해 주면 일반적으로 탈피문제를 예방할 수 있다. 건조한 지역에서는 밤마다 사육장에 분무를 해줌으로써 상대습도를 높일 수 있다. 크레에게 흔하게 발생하는 탈피문제는 건조한 환경에서 탈피하다가 벗겨내지 못한 허물이 발가락에 남아서 혈액순환을 막아 발가락이 떨어져 나가는 증상이다.

탈피문제의 원인이 질병이라면 보통 활동량감소 또는 골연화증과 같은 대사성 골질환과 관련된 증상이 함께 나타난다. 가능한 한 크레를 세심하게 보살펴 주고 매일 상태를 꼼꼼히 관찰하다가, 위에서 언급한 증상을 발견하는 즉시 파충류 치료 경험이 있는 수의사에게 데려가는 것이 가장 좋은 방법이다. 특히 크기가 작은 개체의 경우 증상이 뚜렷하게 나타날 때쯤이면 이미 병이 심각하게 악화돼 치료를 받아도 폐사할 가능성이 크다.

■ **장기간의 거식** : 가끔 먹이를 거부할 수는 있지만, 거식이 장기간 이어져서는 안 된다. 크레스티드 게코가 먹이를 거부하는 가장 흔한 이유는 부적절한 온도와 질

병 때문이며, 기생충감염 및 박테리아감염 또한 먹이거부의 원인이 될 수 있다. 자신의 크레스티가 특별한 증상이나 별다른 이유 없이 3~4일 이상 먹이를 거부하는 경우 곧바로 수의사에게 문의해 조치를 취하도록 한다.

질병의 예방

크레스티드 게코는 적절하게 관리하고 양질의 먹이를 급여하면 별다른 문제없이 건강하게 지낼 수 있다. 앞서도 언급했듯이, 크레스티드 게코에게서 볼 수 있는 문제들은 대부분 사육주의 관리소홀로 인한 것이며, 따라서 이와 관련된 사항들을 숙지함으로써 질병을 예방할 수 있다. 대부분의 파충류와 마찬가지로, 크레스티드 게코 역시 질병을 예방하기 위해서는 최적의 사육환경을 만들어 주는 것이 가장 중요하다는 사실을 명심해야 한다. 크레의 상태를 정기적으로 모니터하고 검사하면 초기에 질병의 징후를 감지할 수 있으며, 성공적인 치료가 가능하다.

■**새로 들이는 개체의 격리** : 파충류를 사육하는 데 있어서 질병을 예방하기 위한 가장 중요한 조치는 새로 들이는 개체를 꼭 필요한 용품만 갖춘 사육장에 격리해 관리하는 것이다. 크레스티드 게코는 질병에 강한 도마뱀이지만, 사육장 내 다른 동물이 병원균을 옮긴다면 순식간에 나쁜 상황이 벌어질 수도 있다.

대부분의 크레스티드 게코 전문브리더는 보통 다른 종을 함께 사육하기 때문에 브리더로부터 입양한 개체가 질병에 걸렸을 경우 일단 감염이 확산되면, 사육장 환경을 아주 깨끗하게 유지하고 질병예방조치를 엄격하게 준수하는 경우가 아닌 이상 엄청난 피해를 볼 수도 있다.

새로 들인 개체는 꼭 필요한 용품만 갖춘 사육장에 30~60일 동안 격리하는 것이 질병을 예방할 수 있는 가장 좋은 방법이다.

따라서 새로 들이는 모든 개체는 항상 단독으로 관리해야 하며, 30~60일 정도 격리하는 것이 최선의 방법이다. 격리는 별도의 방에서 진행하는 것이 바람직하며, 격리된 개체의 사육용품을 기존의 개체와 공유시켜서는 안 된다. 항상 기존의 개체를 먼저 돌본 다음 격리된 개체를 마지막으로 살펴야 하며, 이후에는 손을 깨끗이 소독해야 안전하다.

이와 같은 격리과정을 통해 잠재적

크레스티드 게코는 가끔 아프거나 습도가 낮은 조건에서는 탈피문제를 일으킨다.

으로 전염될 가능성이 있는 문제가 기존의 개체에게 영향을 미치는 것을 예방할 수 있다. 이 기간 동안 격리 중인 개체의 건강상태를 면밀히 관찰해야 한다. 어떤 브리더들은 기생충 및 원생동물 구제를 위해 예방주사제를 투여하기도 하는데, 일반 사육자에 있어서 기생충 제거는 파충류 치료 경험이 있는 수의사의 감독하에 행해져야 한다. 사육하에 있는 모든 크레는 인공번식으로 태어나기 때문에 기생충이 존재할 가능성은 크게 줄어들지만, 건강한 개체를 병든 개체와 가까운 공간에 수용(또는 병든 개체와 건강한 개체 사이의 용품 공유)하는 것은 병원체 확산의 위험을 크게 증가시키게 되므로 유의해야 한다.

■**스트레스 없는 환경 조성** : 사람과 마찬가지로, 크레스티드 게코의 스트레스는 무언가 불편한 경험에서 비롯될 수 있으므로 크레에 필요한 모든 요구사항을 충족시킴으로써 스트레스와 관련된 문제들을 제거할 수 있다. 핸들링이나 산란 등 여러 가지 상황들이 스트레스를 유발할 수 있다는 점을 명심해야 한다. 이와 같은 불편한 시간을 최소한으로 유지하고, 건강한 생활을 위해 필요한 모든 것을 제공함으로써 크레가 행복하게 지낼 수 있도록 하는 것이 사육자의 의무다.

부정적인 상황이 장기간 지속되면 식욕부진과 같은 건강문제로 이어지게 되며, 이러한 문제가 시정되지 않으면 수척해지고 결국 폐사에 이르게 된다. 일부 내부기생충의 증식 또한 스트레스를 유발할 수 있다. 건강한 개체의 경우 면역체계가 일반적으로 기생충의 발생을 무해한 수준으로 억제할 수 있지만, 스트레스를 받을 경우 기생충이 빠르게 증식하고 이를 치료하지 않으면 폐사로 이어진다.

참고로 크레스티드 게코를 택배를 통해 이동시키는 것은 극도의 스트레스를 유발한다는 점을 명심해야 한다. 운송과정에서 겪게 되는 온도와 습도의 변동, 먹이와 물의 부족은 크레에게 엄청난 스트레스를 주는 요인이다. 따라서 크레를 입양할 때는 매장을 방문해서 직접 데려오는 것이 가장 좋다. 부득이하게 택배로 받았다면 가능한 한 빨리 적절한 환경에 투입하고 식수를 제공하며, 며칠 동안 방해하지 말고 그대로 둬서 새로운 환경에 적응할 수 있도록 해줘야 한다.

■**물리적 위험의 차단** : 크레스티드 게코(먹이곤충도 포함해서)가 잠재적인 독성물질에 노출되는 것을 차단해야 한다. 담배연기는 사람에게도 해롭지만 파충류에게는 더욱 해로울 수 있기 때문에 크레가 담배연기에 노출되지 않도록 해야 한다. 또한, 유독한 화학가스를 생산하는 에어로졸 살충제나 가정용 세제를 크레가 있는 방에서 사용하면 안 된다. 사육장이나 사육용품을 세척하는 데 청소용 화학물질을 사용한 후에는 잔류물을 완전히 헹궈내 크레가 핥으면서 섭취하는 일이 없도록 한다.

사육장과 모든 물품들이 안전한지 확인함으로써 부상을 피할 수 있다. 가장자리가 거친 부분은 크레의 발가락이나 피부에 걸려 상처를 유발할 수 있으므로 사육장에 거친 단면을 가진 물품은 없는지 확인하도록 한다. 도금철망이나 금속철망의 가장자리는 날카로울 수 있으므로 크레의 발이 닿지 않도록 조치를 취해야 한다.

뜨거운 전구와 직접 접촉하지 않도록 주의해야 하며, 사육장에 노출된 전선은 없는지 확인한다. 바위, 유목 또는 기타 무거운 구조물은 움직이지 않도록 단단하게 고정할 필요가 있다. 이러한 구조물은 움직이거나 떨어지면서 사육개체를 다치게 하거나 심지어는 사망에 이르도록 할 수 있으므로 주의해야 한다.

아픈 크레스티드 게코의 관리

크레스티드 게코가 아플 때는 사육환경을 적절하게 조절할 수 있는 위생적인 형태의 사육장에서 관리하는 것이 가장 좋다. 바닥재는 신문지만 사용해 쉽게 청소할 수 있도록 하고, 은신처나 유목 같은 사육장 구조물은 살균하거나 제거하는 것이 이상적인 방법이다. 크레가 특히 약한 상태라면, 떨어져 다칠 수 있으므로 모든 횃대는 사육장에서 제거하도록 한다. 이외에도 아픈 크레스티드 게코에 대한 기본적인 관리에는 다음 사항이 포함돼야 한다.

우선 스트레스 없는 환경을 제공하고, 22~25°C 정도의 온도를 유지하도록 한다. 온도가 너무 낮게 유지되면 크레스티의 면역체계가 제대로 기능하지 못한다. 또한, 크레스티가 항생제와 같은 약물을 복용하고 있다면 선호되는 체온을 유지해 줘야 약물의 효과가 제대로 나타날 수 있다. 수분을 잘 섭취하는 것도 매우 중요하다. 주사기나 점안병을 이용해 입에 물을 떨어뜨려 주면 핥아먹을 것이다. 사육장에 매일 분무를 해서 습도를 유지하고, 더 많은 물을 마실 수 있도록 해줘야 한다. 우려사항이 있는 경우에는 검사를 통해 문제들을 전문적으로 분석하고 치료할 수 있도록 수의사와 상담하는 것이 최선이다.

크레스티드 게코가 아플 경우 사육환경을 위생적으로 관리하는 것이 가장 중요하다. Florence Ivy/CC BY-ND

진료 가능한 수의사 확보

반려동물문화 선진국에서는 파충류를 비롯한 특수동물을 치료하는 의료시스템이 잘 갖춰져 있지만, 우리나라의 경우 대부분의 동물병원에서 주로 고양이나 개를 다루기 때문에 파충류를 치료할 수 있는 수의사를 찾는 것이 어렵다. 개나 고양이와는 달리 파충류는 사육과 약에 대한 특별한 지식이 요구되고, 그러한 지식을 갖춘 수의사가 드물기 때문에 특히 어려운 상황이다. 반려파충류가 점차 대중화되면서 파충류 의학에 대한 최소한의 기초지식을 가진 수의사들의 수가 계속해서 증가하고 있는 추세이기는 하지만, 아직까지는 제대로 된 경험이 있는 수의사를 찾는 것은 상당히 어려운 일이다.

대부분의 수의사들은 여전히 개와 고양이 및 기타 인기 있는 소동물만을 전문으로 다루고 있다. 따라서 자신의 개체에게 질병이 발생하기 전에 파충류를 치료한 경험이 있는 수의사, 특히 크레스티드 게코를 치료한 경험이 있는 수의사를 미리 수소문해 알아놓는 것이 좋겠다.

파충류를 치료한 경험이 있는 수의사라 해도 그 경험이 매우 제한적일 수 있고, 또 좋은 의도에도 불구하고 아직 실제로 무엇을 해야 하는지 정확히 모르고 아픈 파충류를 받아들이는 수의사들이 많기 때문에 선택에 주의를 기울여야 한다. 그래도 부

동물병원을 방문해야 할 때

파충류는 예방접종이나 이와 유사한 일상적인 치료를 필요로 하지 않지만, 질병이나 부상을 치료하기 위해 동물병원을 방문해야 할 경우가 생길 수도 있다. 크레스티드 게코가 먹이를 거부하거나 탈피부전이 나타날 때마다 즉각 수의사에게 보일 필요는 없지만, 다음과 같은 징후나 증상이 나타난다면 심각한 문제를 겪고 있는 상황일 수 있으며 수의학적 진단이 필요하다.

- 쌕쌕거릴 때마다 호흡곤란이 오거나 콧구멍 또는 입에서 점액분비물이 나타나는 경우
- 비정상적인 배설물이 나타나는 경우 - 묽은 변, 이상한 색깔, 과도한 냄새, 벌레가 보이는 경우
- 심각한 부상, 일반적으로 열화상, 코 부위의 마찰로 인한 손상 또는 발의 손상이 있을 경우
- 알을 낳지 못하는 것과 같은 생식문제가 발생한 경우. 긴장하고 불안해하거나 스트레스를 받아 알을 낳을 수 없는 것처럼 보이는 경우
- 장기간(3~4일 이상) 먹이를 먹지 못하는 경우
- 비정상적인 혹, 융기, 병변이 나타나는 경우
- 탈장이 발생한 경우
- 눈이 움푹 들어간 경우
- 무기력하거나 굼뜬 행동을 보이는 경우(서늘한 온도로 인해 발생할 수 있음)
- 탈피에 심각한 어려움을 겪는 경우. 특히 탈피 허물이 발가락, 발, 다리를 수축시키는 경우
- 수직면을 오르거나 붙는 것이 불가능한 경우
- 거꾸로 뒤집혔을 때 몸을 바로잡지 못하는 경우

지런히 찾아보면 식견이 있는 수의사를 찾을 수 있을 것이다. 그러나 최근까지도 파충류 의학은 충분한 관심을 받지 못한 영역이었기 때문에 전문가들조차도 모든 것에 대한 해답을 가지고 있지는 않다는 점은 항상 염두에 둬야 한다.

흔히 걸리는 질병 및 대책

앞서도 언급했듯이, 크레스티드 게코는 사육자가 제대로 관리만 잘해준다면 별 문제없이 건강하게 지낼 수 있다. 그러나 여러 가지 문제가 발생할 가능성은 항상 존재하므로 이와 관련된 사항을 숙지하고 늘 모니터하는 것이 바람직하다. 이번 섹션에서는 크레스티드 게코에게 발생할 가능성이 있는 질병에 대해 알아본다.

대사성 골질환(metabolic bone disease, MBD)

대사성 골질환은 모든 종의 도마뱀에서 흔히 볼 수 있으며, 사지부종, 골절 또는 마비도 근본적인 골질환의 가능한 징후로 간주돼야 한다. 일반적인 원인으로는 식이 칼슘 결핍, 식이칼슘/인산 불균형, 식이비타민D3 결핍, 자외선에 대한 노출 부족, 식이단백질 결핍 또는 과다, 간과 신장 또는 장질환 등이 있다. 대사성 골질환은 칼슘을 제대로 활용하지 못해서 생기는 질병으로, 대개는 간헐적으로 보충되거나 또는 보충이 되지 않거나 부적절하게 보충을 받는 개체에게서 발생한다.

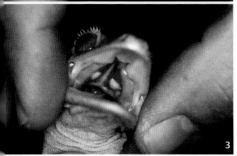

1. 대사성 골질환의 흔한 증상은 연화턱이다. 치료 후에도 이 연화턱이 돌출돼 아래턱에 줄이 생길 수 있다. **2.** 특정 유형의 대사성 골질환은 돌이킬 수 없는 척추기형을 유발할 수 있다. 칼슘결핍 외에도 비타민D3 과다섭취는 이러한 척추변형의 일부 경우와 관련이 있는 것으로 추측된다. **3.** 입천장 안쪽에 있는 초승달 모양의 주머니에 칼슘이 저장된다. 칼슘이 결핍된 경우 주머니가 비워져 있다. 밝은 빛으로 이 주머니를 비춰보면 칼슘저장량을 알 수 있고 칼슘고갈 가능성을 예측할 수 있다.

입천장에 있는 한 쌍의 칼슘주머니를 살펴보면 칼슘저장량을 확인할 수 있는데, 칼슘이 저장돼 있을 때는 주머니가 하얗게 보이고 칼슘이 충분히 공급되지 않을 때는 비워진 상태가 된다. 그러나 칼슘주머니 속에 칼슘이 꽉 차 있다고 해서 문제가 전혀 없는 것은 아니다. 칼슘의 활용에 도움을 주는 영양소의 불균형이 MBD를 초래할 수도 있다.

MBD에 걸리면 뼈가 무르고 부드러워져서 부상의 위험이 높아진다. 몸이 약해지고 운동성이 저하되며, 신체의 여러 부분이 변형될 수 있다. 주요 증상으로는 주걱턱, 무른 아래턱(연화턱), 보행 및 등반능력 저하, 사지손상, 척추 또는 꼬리의 휨 등을 들 수 있다.

크레에 있어서 MBD의 징후는 쇠약, 식욕부진, 사지부종, 꼬리 비틀림 등이 포함된다. 좀 더 자세히 확인하면 턱이 극도로 부드럽고 쉽게 변형된다는 것을 알 수 있다(크레가 고통스러울 수 있으므로 조사할 때는 부드럽게 시행해야 하며, 과도한 핸들링은 자절을 유발할 수 있으므로 주의해야 한다). 칼슘주머니의 크기가 줄어드는 것처럼 보일 수 있지만, 일관된 징조는 아니다.

임신한 암컷의 경우 손으로 만져보면 체강 내에 위치한 알을 쉽게 확인할 수 있는데, 암컷에 있어서는 알이 칼슘의 마지막 사용경로가 된다. 칼슘수준이 한계에 이른 암컷은

적은 양의 칼슘을 산란 전 알껍데기에 사용함으
로써 갑작스런 칼슘충돌에 빠질 수 있다. 크레
에 있어서 대부분의 골격문제는 주로 식이와 연
관돼 있으며, 크레가 그러한 징후를 보이기 시
작하면 즉시 다음의 사항을 살펴봐야 한다.

첫째, 식단을 살펴본다. 식단의 사용 가능한 단
백질, 섬유질, 미네랄함량을 재평가하고, 칼슘함
량을 증가시키거나 개선하는 방법을 고려한다.
둘째, 자외선 조명에 대한 준비가 돼 있는지 확
인한다. 크레스티드 게코는 풀스펙트럼 램프 없

액체 펜벤다졸(상품명 파나쿠어-Panacur)을
살구 유아식과 섞는 모습. 이와 같은 방법으
로 큰 규모의 그룹에서 쉽게 투약할 수 있다.

이 관리할 수 있지만, 적절한 칼슘보충제와 결합된 식이성 비타민D3를 섭취해야
한다. 자외선 배출량이 2%인 주간 풀스펙트럼 전구를 설치하면 크레스티드 게코
가 원할 때 일광욕을 할 수 있어 유익하다. 조명위치가 열원(일광욕 권장)에 적절한 정
도로 가까운지(일반적으로 개체의 머리 위로 약 30cm에 위치하는 것이 적절하다) 항상 확인하도
록 하며, 8~12개월마다 정기적으로 교환해 준다. 2% 이상의 자외선은 불필요하며,
그 이상 되면 아마도 크레의 색상이 매우 어둡게 변하고 숨어버릴 것이다.

셋째, 만약 크레스티의 상태가 괜찮지 않은 것으로 보이면 밤에 온도를 낮춰주는
것이 권장된다. 심한 징후를 보이거나 무기력하거나 거식증이 있는 경우, 2차 감염
이 발생하기 쉬우므로 수의사의 조언을 구하도록 한다. 문제의 원인이 무엇인지
밝히기 위해 방사선 촬영, 혈액검사 또는 기타 검사가 필요할 수도 있다.

대사성 골질환의 치료에는 비타민D3 주입, 칼슘 주입, 간질환과 같은 다른 근본적
인 원인치료가 포함될 수 있다. 칼슘이나 비타민D3를 하루에 두 번 구강 투여해 치
료할 수 있는데, 개체가 너무 약하거나 뼈가 심하게 물러져서 먹이를 삼킬 수 없는
상태라면 얇은 투베르쿨린 주사기(바늘이 없는)나 가는 튜브를 통해 칼슘과 비타민D3
를 직접 위장에 투여하는 방법을 사용한다. 상태가 심각하면 칼슘을 주사하기도
하는데, 이런 경우 보통 스트레스로 인해 스스로 꼬리를 끊어낸다.

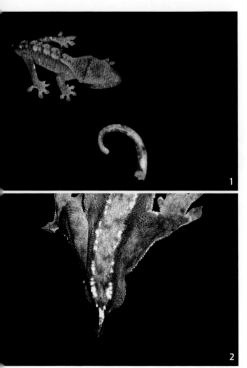

MBD의 초기단계에 있는 개체는 적절한 보충제를 급여하면 회복될 수 있다. 증상이 심해지면 수의사의 치료가 필요하며, 심각한 경우는 회복이 불가능할 수도 있다. MBD에 있어서 주의할 점은, 칼슘주머니가 꽉 찬 개체의 경우라도 MBD가 발생한 사례가 있다는 것이다. 이 개체들은 척수변형과 꼬리꼬임 현상이 발견됐는데, 이와 같은 경우는 식이가 원인이라기보다는 비정상적인 생리의 결과일 수 있다.

꼬리손실

꼬리손실은 아마도 사육자들이 가장 흔하게 경험하는 문제일 것이다. 핸들링을 거칠게 하는 과정에서도 꼬리는 쉽게 부러지며, 특정한 상황에 대한 방어적인 반응으로 크레가 자발적으로 꼬리를 끊어낼 수도 있다.

1. 많은 도마뱀이 위협을 느끼는 경우 스스로 꼬리를 끊는다. **2.** 외상 또한 꼬리손실로 이어질 수 있다.

이를 자절(自切; 몸의 일부를 스스로 절단해 생명을 유지하려는 현상)이라 한다. 꼬리는 몸에서 떨어져나온 상태에서 반사적으로 꽤 오랫동안 움직이는데, 이는 야생에서 포식자들에게 쫓길 때 포식자의 주의를 꼬리로 돌리게 함으로써 정신이 팔린 포식자에게서 벗어날 수 있도록 시간을 확보해 주는 기능을 하는 것으로 알려져 있다.

많은 도마뱀은 위협을 느끼면 스스로 꼬리를 자르지만, 대부분의 게코와는 달리 크레스티드 게코는 손실된 꼬리를 재생하지 못하기 때문에 손상되지 않도록 주의해야 한다. 야생에서 대부분의 크레스티드 게코 성체는 꼬리가 없으며, 성체의 경우 꼬리가 없는 상태가 당연한 것으로 간주된다. 어린 나이에 꼬리를 잃은 경우는 보통 아주 짧고 뾰족한 부분이 그루터기처럼 나오게 된다.

사육하에서 꼬리가 손실되는 상황은 주로 합사에 의해 유발된다. 어린 개체들을 그룹으로 사육할 경우 경쟁적으로 싸우게 되며, 같은 사육장에 두 마리 이상의 수컷을 암컷과 함께 기르면 수컷들 사이에 격렬한 싸움이 발생한다. 주사를 놓는다거나 지나치게 뜨거운 온도, 혹은 갑자기 손으로 잡는 행동으로 깜짝 놀라는 등의 트라우마도 꼬리손실로 이어질 수 있다. 꼬리가 손실됐다 하더라도 건강상 문제는 전혀 없으므로 걱정하지 않아도 된다. 또한, 도마뱀이라는 특성에는 큰 변화가 없으므로 마음에 드는 개체가 있는데 단지 꼬리가 없다고 해서 입양을 포기할 필요는 없다(대부분의 사육자들은 꼬리가 없는 크레스티드 게코의 모습을 싫어하는 경향이 있다).

꼬리손실을 예방하기 위해서는 핸들링을 할 때 부드럽게 진행하는 것이 좋다. 크레스티드 게코를 핸들링할 때는 절대 꼬리를 붙잡아서는 안 된다. 또한, 크레스티가 스스로 꼬리를 끊어낼 수도 있는 스트레스를 받는 상황은 피하도록 해야 한다. 꼬리를 잃은 개체의 경우 감염으로 이어질 수 있는 비위생적인 환경에서 지내지 않는 한 보통 아무 사고 없이 회복될 것이다.

척추, 골반 또는 꼬리 휨

골반기형은 야생에서도 크레스티드 게코에게 흔하게 나타나는 증상이다. 크레스티드 게코의 골반대(骨盤帶, pelvic girdle; 요골), 특히 장골은 얇은 뼈대로 이뤄져 있다. 이 부위는 대사성 골질환이나 꼬리 하중이 가하는 압력으로 인한 스트레스로 쉽게 휘어지는데, 대사성 골질환뿐만 아니라 비타민/미네랄이 적절하게 보충되지 못한 결과로 나타날 수도 있다. 어떤 개체는 척추, 골반 또는 꼬리 휨을 선천적으로 가지고 있는 반면, 성장기 후반에 휨이 생기는 개체도 있다. 크레가 성장할 때까지 눈에 띄지 않을 수도 있고, 성체에 가까워질 때 갑자기 나타나는 경우도 있다.

골격의 휨은 MBD의 결과일 수도 있지만, 일부 개체는 MBD의 다른 증상들을 나타내지 않을 수도 있기 때문에 더 많은 연구를 통해 확실하게 확인될 때까지 다른 가능성을 고려할 필요가 있다. 일부 그룹에서 유전적 다양성이 부족하면 동종교배가 이뤄질 수 있으며, 이는 척추 휨과 같은 기형을 일으킬 수 있다. 일단 휨이 눈에 띄면 일반적으로 되돌릴 수 없지만, 겉보기에는 건강해 보일 수도 있다. 동종교배로 인해 휨이 발생한 경우에는 권장되지 않지만 일부 경우 성공적으로 번식할 수도 있다. 복부 또는 골반 휨이 있는 개체는 알을 낳는 데 어려움을 겪을 수 있다.

플로피 테일 증후군(floppy tail syndrome)

크레스티드 게코가 사육장의 수직벽에 거꾸로 매달려 있을 때 꼬리가 옆이나 등쪽으로 휘게 되는데, 이를 오랫동안 계속해서 방치하면 결국 플로피 테일 증후군이 나타난다. 플로피 테일 증후군은 크레스티드 게코와 다른 게코 종, 특히 마다가스칸 데이 게코(Madagascan day gecko, *Phelsuma* 종)에서 볼 수 있는 질환이다.

일반적으로 크레스티드 게코가 머리를 아래쪽으로 향하고 수직면에 붙어 있을 때 나타날 수 있는 증후군이다. 이렇게 거꾸로 매달릴 경우, 꼬리는 정상적으로 바닥에 대고 있는 것이 아니라 머리 옆쪽이나 등 쪽으로 휘어진 상태가 된다. 이 경우 꼬리 시작부분의 강한 근육이 쉽게 피로해지며, 꼬리는 바닥으로부터 멀어지게 된다. 결국 중력이 꼬리를 아래로 끌어당기고, 골격이 여전히 발달 중인 개체에서 골반의 비정상적인 하중이 뼈의 변형을 일으켜 문제를 복잡하게 만든다.

플로피 테일이 발생하는 원인은 골반변형과 꼬리가 시작되는 부위에 있는 척추관절돌기 골절일 가능성이 크며, 현재 치료법은 없다. 영양결핍 또한 플로피 테일을 유발할 수 있으며, 칼슘이 조금 부족한 경우 장골과 같은 얇은 뼈가 약해진다. 일부 사육자들은 대사성 골질환의 증상이라고 간주하기도 하는데, 일부(전부가 아닌) 개체에서 MBD가 관여할 수 있지만 플로피 테일 증후군을 보이는 개체에게서 MBD와 관련한 증상이 전혀 나타나지 않을 수 있기 때문에 반드시 MBD에 기인한다고 단정할 수는 없다. 이 부분에 대해서는 향후 추가적인 연구가 필요하다.

유전적 요인이 원인일 수도 있다. 많은 크레스티드 게코에서 별 이유 없이 등줄기 중간 쪽이 하강하는 증상을 관찰할 수 있는데, 이 또한 플로피 테일로 이어질 수 있다. 야생에서 많은 크레스티 성체가 꼬리가 없고 일부의 경우 골반이 휘어져 있다는 사실을 감안하면 크게 신경 쓸 문제는 아니다.

플로피 테일 증후군이 발생하는 것을 막기 위해서는, 사육밀도를 고려해 수평면과 수직면의 적절한 균형을 유지함으로써 항상 사육장의 수직벽에만 있도록 강요하지 않고 정상적인 위치에서 휴식을 취할 수 있는 기회를 충분히 제공해 줘야 한다.

탈피부전(脫皮不全)

파충류에 있어서 전체 피부를 주기적으로 벗어내는 과정을 탈피라고 한다. 탈피에 문제가 있을 경우 탈피부전이라 하며, 탈피부전은 다른 심각한 문제를 초래할 수 있다.

탈피부전의 원인은 여러 가지가 있지만 대부분 탈수 또는 낮은 주변 습도와 관련이 있으며, 특히 해츨링 및 어린 새끼에 있어서 문제가 된다. 또한, 피부 마모, 물림 또는 화상 부위에 허물이 남아 있을 수도 있다. 크레스티드 게코는 뱀처럼 한 번에 피부 전체를 탈피하는 것이 아니라 몇 시간 혹은 며칠에 걸쳐 여러 개의 조각으로 탈피하는 경향이 있는데, 이러한 방식 때문에 오래된 피부의 일부가 탈피되지 않고 남아 있을 수 있다.

탈피되지 않은 피부는 칙칙하고 주름진 모습을 띠는데, 발가락 및 꼬리 끝과 같은 말단 주위에 고리를 형성하며, 이 고리는 수축돼 지혈대 역할을 하고 말단의 혈류를 제한

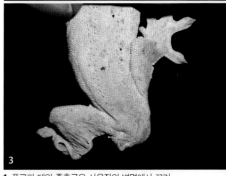

1. 플로피 테일 증후군은 사육장의 벽면에서 꼬리가 머리 옆이나 등 쪽으로 휘어진 상태로 오랫동안 거꾸로 매달려 있을 때 발생한다. 2. 많은 크레스티드 게코는 별 이유 없이 등줄기 중간 쪽이 하강하는 증상을 보이는데, 이것이 플로피 테일 증후군으로 이어질 수 있다. 3. 휘어진 부분이 기형적으로 보이지 않는 한, 플로피 테일 증후군을 보인다고 해서 입양을 기피할 필요는 없다.

시킴으로써 결국 관련 조직의 괴사로 이어진다. 탈피껍질이 남아 있는 경우 피부가 완전히 제거되기 전까지는 먹이를 거부하며, 자연스럽게 움직이거나 수직면을 오르는 것이 어려워질 수도 있다. 치료를 받지 않은 채 방치될 경우 폐사할 가능성이 높아진다.

탈피부전을 치료하려면 먼저 크레의 상태를 확인해야 한다. 만약 발전단계에 있다면 수의과 치료가 필요할 수 있으며, 초기에 치료가 이뤄진다면 악영향 없이 문제를 바로잡을 수 있다. 남아 있는 탈피껍질을 제거하는 가장 좋은 방법은 일시적으로 사육장 습도를 높이고 더 자주 분무해 주는 것이다. 소량의 탈피껍질이 남아 있는 경우에는 이런 방법으로 며칠 내에 문제를 해결할 수 있다.

크레스티가 탈피부전을 겪고 있는 경우 남아 있는 탈피껍질을 제거하는 가장 좋은 방법은 일시적으로 사육장의 습도를 높이고 더 자주 분무해 주는 것이다. John/CC BY

만약 효과가 없다면, 사육자가 직접 탈피껍질을 제거해 줘야 할 수도 있다. 습한 밀폐공간에서 몇 시간 동안 있으면 건조된 피부가 느슨해지는데, 피부가 부분적으로 벗겨졌다면 작은 겸자를 이용해 느슨해진 부분을 잡고 남은 피부를 부드럽게 잡아당겨볼 수 있다(눈 근처의 피부가 탈피되지 않고 남아 있는 경우는 위험하므로 시도하지 않도록 한다). 이때 발과 발가락 주변의 피부를 조심스럽게 제거하도록 한다. 배 부분에 남아 있는 피부는 정밀검사를 시행하지 않으면 탈피된 부분과 구별하기가 어렵다.

남아 있는 피부의 가장자리 주위가 벗겨지지 않았다면 잡을 수 없게 된다. 그런 경우 젖은 종이타월을 사용해 해당 부위를 부드럽게 문질러 준다. 약간의 물과 부드러운 마찰로 보통은 남아 있는 피부를 제거할 수 있다. 크레를 다치게 할 수 있으므로 항상 억지로 떼어내지 않도록 주의한다. 피부가 쉽게 벗겨지지 않는 경우, 크레를 사육장으로 돌려보내고 12시간에서 24시간이 지난 후에 다시 시도하도록 한다. 보통 이렇게 반복적으로 물에 적셔주면 제거하기에 충분할 정도로 피부가 느슨해지게 된다. 이러한 방법이 효과가 없다면 수의사에게 문의한다. 수의사는 남아 있는 탈피껍질이 문제를 일으키지 않는다고 판단되면 부착된 상태로 두라고 조언할 것이다. 이 경우는 다음 탈피때 함께 제거돼야 한다. 또는 만약 문제를 일으키고 있다면, 수의사가 위험 없이 탈피껍질을 제거할 수 있다.

임팩션(impaction, 장폐색)

소화가 안 되는 큰 물체나 소화되지 않은 작은 물체가 장내에 축적돼 노폐물의 흐름을 제한하고 통과되지 못하면 결국 폐사로 이어질 수 있다. 때때로 먹이로 제공한 귀뚜라미를 잡으려고 덮치다가 바닥에 입을 부딪치면서 바닥재를 삼키는 경우도 생길 수 있으며, 이렇게 삼킨 바닥재로 인해 임팩션이 초래될 수 있다.

갓 태어난 해츨링을 인큐베이팅 상자에 하루 이상 방치했을 경우 버미큘라이트를 섭취함으로써 치명적인 임팩션으로 이어질 수도 있다. 섭취한 물체의 크기가 큰 경우라면 임팩션임을 분명히 알아챌 수 있지만, 불행히도 대부분의 임팩션은 사인을 확인하기 위해 부검이 행해질 때까지 눈에 잘 띄지 않는다. 이처럼 임팩션은 이미 치료가 불가능할 정도로 진행될 때까지 진단이 이뤄지기 어렵기 때문에 사전에 예방하기 위한 모든 조치를 취하는 것이 최선의 방법이라고 할 수 있겠다.

예방을 위해서는 만약 크레가 실수로 섭취한 경우 그대로 배출될 수 있을 정도로 작은 입자의 바닥재를 사용하는 것이 좋으며, 크레의 입에 들어갈 수 있는 크기의 자갈 또는 기타 알갱이 바닥재는 피해야 한다. 건강한 성체의 경우 버미큘라이트를 삼켰다 해도 아무 문제없이 배출될 수도 있지만, 어린 주버나일은 그렇지 않다. 특히 해츨링의 경우 펄라이트나 버미큘라이트로 가득 찬 인큐베이팅 상자에 하루 이상 머물지 않도록 하는 것이 중요한데, 며칠 동안 상자 안에 있다가 이러한 물질을 섭취하고 문제가 발생하는 것으로 알려져 있기 때문이다. 임팩션은 또한 딱정벌레와 같은 두꺼운 외골격을 가진 곤충을 급여했을 때 발생할 수도 있다.

설사

크레스티드 게코에 있어서 매우 흔하게 나타나는 문제는 묽은 변을 보는 것이다. 이는 일반적으로 귀뚜라미나 다른 식단을 통해 섬유질을 제공하지 않고 주로 퓌레 식단을 급여하는 개체에 있어서 나타나는 문제다. 정상적인 대변을 볼 수 있도록 관리하기 위해서는 귀뚜라미와 퓌레를 균형 있게 제공하는 것이 권장된다. 건강적 인 문제 외에도, 묽은 대변은 사육장 벽에 말라붙은 경우 청소하기가 어렵고 유리 사육장을 사용하고 있다면 외관을 해치게 된다. 따라서 단단한 대변을 볼 수 있도 록 식단조절에 주의를 기울이는 것이 여러모로 바람직하다.

세균감염

모든 동물과 마찬가지로, 벌어진 상처는 조건이 충족되는 경우 감염될 가능성이 크다. 크레가 건강하고 깨끗한 환경에서 관리된다면 경미한 상처는 대개 아무 사 고 없이 매우 빨리 치유된다. 따라서 상처가 생긴 경우라면 정기적으로 점검해 문 제가 발생하지 않았는지 확인하고 필요에 따라 치료하는 것이 중요하다. 감염된 상처에는 국소 항생제크림을 소량 사용할 수 있으며, 환부에 크림을 바른 후 여분 이 있으면 가볍게 닦아낸다. 항생제크림은 많이 사용하지 않는 것이 좋다.

세균감염은 내부적으로 발생할 수도 있는데, 이 경우 진단하기가 더 어렵기 때문 에 진단과 치료를 위해서는 수의사의 검진이 필요하다. 일반적으로 내부 세균감염 은 감염에 의해 사망한 개체를 부검하기 전에는 눈에 띄지 않는다. 내부 세균감염 을 나타내는 외부의 징후는 거의 없다. 예외로 소화관의 감염은 수의사가 대변검 사를 통해 발견할 수 있다. 만약 크레가 무기력하거나 체중이 감소하거나 건강해 보이지 않는다면, 가능한 한 빨리 수의사를 찾도록 한다.

기생충감염

일반적으로 사육되는 도마뱀 종들과 비교해 볼 때, 크레스티드 게코는 기생충으로 인한 영향을 크게 받지 않는다. 기생충을 가끔 접하기는 하지만, 크레스티드 게코

살모넬라(Salmonella)

대부분의 파충류는 체내(배설강/소화관)에 살모넬라 박테리아를 가지고 있으며, 살모넬라 박테리아는 동물에게 유익하거나 적어도 해롭지 않은 것으로 간주된다. 살모넬라는 대변을 통해 배설되는데, 스트레스를 받을 경우 배설물이 증가할 가능성이 높기 때문에 주의 깊게 살펴봐야 한다. 살모넬라는 도마뱀에게는 병원성이 거의 없으므로 사육개체보다는 사육자들에게 문제가 될 수 있는데, 실제로 건강한 사람에 대해서는 위험이 미미하며 파충류 사육주에게 감염되는 경우는 매우 드물다. 살모넬라에 감염되면 보통 설사와 발열을 유발하는데, 유아는 물론 면역력이 떨어지는 사람에게는 더욱 심각하고 치명적일 수 있다는 점을 명심해야 한다.

파충류에 사용되는 모든 용품은 살모넬라균의 잠재적 공급원이라고 가정해야 한다. 감염을 예방하기 위해서는 파충류와 파충류용품을 취급한 직후에는 손을 소독하고, 취급 도중에 절대 음식을 먹거나 마시지 않도록 주의한다. 파충류는 사람의 음식을 준비하는 영역에 들어오지 못하게 해야 하며, 임산부나 수유부는 파충류와의 접촉을 피해야 한다. 파충류를 다루는 어린아이들은 항상 어른의 감독을 받아야 하고, 살모넬라 감염을 막는 방법에 대해서도 가르쳐야 한다. 또한, 파충류에 입을 맞추는 것은 피하도록 교육해야 한다. 미국 질병관리본부(Center for Disease Control)가 발표한 '사육하에 있는 파충류로부터의 살모넬라 감염 예방'을 위한 권고사항은 다음과 같다.

- 임산부, 5세 미만의 어린이 및 면역체계가 손상된 사람(에이즈 등)은 파충류와 접촉해서는 안 된다.
- 파충류나 파충류 사육장에 접촉한 후에는 즉시 비누로 손을 깨끗이 씻어야 한다.
- 파충류는 주방과 같은 사람이 먹는 음식을 준비하는 구역에 들어가지 않도록 해야 한다.
- 주방 싱크대는 파충류에 사용되는 먹이나 물그릇, 사육장 또는 비바리움을 세척하거나 파충류를 목욕시키는 데 사용돼서는 안 된다. 이러한 용도로 사용된 싱크대는 사용 후 소독해야 한다.

에서는 상당히 드물다. 그러나 크레스티드 게코가 반려동물 숍이나 여러 종이 합사된 사육환경 내에서 다른 파충류로부터 다양한 기생충에 점차적으로 노출되면 상황은 달라질 수도 있다. 내부기생충의 존재 여부는 현미경으로 신선한 대변 샘플을 분석해 진단하는데, 이는 경험이 많은 수의사에게 맡기는 것이 좋다.

사육하의 모든 파충류에서 채취한 분변 샘플에는 미생물이 거의 없을 것이다. 파충류의 몸속에 사는 박테리아와 원생동물의 정상적인 개체군이 있는데, 그중 일부는 이롭고 소화에 도움을 주는 반면, 일부는 기생은 하고 있지만 면역체계에 의해 무해한 수준으로 유지된다. 파충류 치료 경험이 없는 수의사들은 분변 샘플에서

일반적으로 사육되는 도마뱀들과 비교해 볼 때, 크레스티드 게코는 기생충으로 인한 영향을 크게 받지 않는 편이다.
Florence Ivy/CC BY-ND

발견되는 모든 요소에 대해 수의과적인 치료를 진행하려는 경향이 있는데, 일부 항생제는 크레의 몸에 매우 부정적인 영향을 끼치고 이를 부적절하게 사용할 경우 폐사를 초래할 수 있으므로 주의해야 한다. 파충류를 치료한 경험이 풍부한 수의사는 기생하는 유기체가 크레스티드 게코의 건강에 미치는 수준을 적절하게 파악하고 최상의 치료방법을 제시해 줄 것이다. 파충류의학개발 분야에서는 여러 가지 의견이 엇갈리고 있는 실정이며, 다수의 일반적인 파충류 기생충을 이해하고 더 잘 치료하기 위해서는 추가적인 연구가 필요하다.

■**내부기생충** : 야생에서 대부분의 크레스티드 게코는 내부기생충을 가지고 있다. 파충류가 내부기생충으로부터 완전히 자유로울 수는 없지만, 이러한 수준을 억제하는 것은 중요하다. 야생포획개체들은 정확한 방법으로 확인될 때까지 기생충을 보유하고 있다고 간주해야 한다. 사육하에 있는 대부분의 크레는 상대적으로 적은 수의 내부기생충을 가지고 있을 것이지만, 그들에게 면역이 되지 않는다.
기생충이 병원성 수준까지 쌓이는 것을 방지하려면 엄격한 위생관리가 필요하다. 많은 기생충들은 크레가 지속적으로 배설물에 의해 오염되는 사육장에서 관리될 때 위험한 수준까지 축적된다. 크레스티드 게코에게 영향을 미치는 대부분의 내부

기생충은 분변->구강의 경로를 통해 전달된다. 기생충의 알(혹은 이와 비슷한 단계)은 대변과 함께 배출되고, 크레가 무심코 이것들을 섭취한다면 기생충이 신체 내부에서 발달해 문제를 일으킬 수 있다. 기생충 알은 보통 현미경으로만 볼 수 있는 미세한 크기이며, 사육장 벽이나 먹이그릇에 달라붙어 있다가 나중에 크레가 먹이를 먹을 때 알도 함께 섭취하게 됨으로써 체내로 유입된다. 내부기생충은 구토나 묽은 변을 유발하고, 성장을 중단시키거나 먹이를 완전히 거부하게 만든다.

일부 기생충은 내장기관에 상당한 손상을 입히는 데도 불구하고 전혀 뚜렷한 증상을 보이지 않을 수도 있다. 따라서 일상적인 배설물검사가 중요하다. 수의사는 내부기생충이 의심되면 배설물을 검사하고, 대변 속의 알 종류를 확인해 적절한 약을 처방할 수 있다. 많은 기생충이 항생제로 쉽게 치료되지만, 병원균을 완전히 박멸하기 위해서는 이런 약들을 여러 번 투여해야 하는 경우가 많다. 어떤 기생충은 사람에게 전염될 수 있으므로 항상 적절한 예방조치를 취하는 것이 좋다. 정기적으로 손을 씻고 크레의 사육장은 음식을 준비하는 주방과 멀리 떨어진 곳에 설치한다. 일반적인 내부기생충으로는 회충, 촌충, 아메바 등이 있다.

■**외부기생충** : 크레스티드 게코는 이론적으로는 틱(tick)이나 마이트(mite) 같은 외부기생충에 시달릴 수 있지만, 실제로는 비교적 드물게 발견된다. 많은 종의 파충류가 함께 지내는 경우라면 진드기가 심각한 문제가 될 수 있다. 검은뱀진드기인 오피오니수스 나트리키스(Ophionyssus natricis)는 가장 무서운 외부기생충으로, 쉽게 전염될 수 있고 통제하기 어려우며, 극심한 불편함을 유발하고 파충류를 폐사에 이르게 할 수 있다. 이 진드기는 보통 뱀 및 블루텅 스킨크(Blue-tongued skink)와 같은 큰 크기의 도마뱀에 영향을 미친다. 다행히도 크레스티드 게코는 검은뱀진드기에게 선호되는 숙주가 아니며, 사육자에게는 결코 문제가 되지 않는다.

크레스티드 게코에 영향을 미치는 몇 가지 진드기가 있는데, 특히 붉은진드기 종이 그렇다. 어떤 종류의 진드기는 피를 빨아먹지 않고 죽은 피부에만 사는 반면, 어떤 종류는 기생하는 경우도 있다. 이 진드기들은 종종 겨드랑이와 다른 노출된 부위에 축적되는데, 식물성 기름에 담근 면봉으로 크레를 문질러 제거할 수 있다. 라코닥틸루스 아우리쿨라투스(*Rhacodactylus auriculatus*, Gargoyle gecko)는 허벅지 밑면에 '진드기주머니'까지 갖추고 있다. 야생에서 이러한 구조들은 붉은진드기들에게 최적의 조건을 제공한다. 많은 다른 종류의 도마뱀에서 발견되는 이 진드기주머니의 기능은 분명하지 않다. 크레스티드 게코에 있어서 붉은진드기의 감염은 알려지지 않았지만, 다른 파충류로부터 감염될 가능성이 있다.

크립토스포리디아증(Cryptosporidiosis)

크립토스포리디아증은 원생생물인 크립토스포리디움(*Cryptosporidium sp.*; 와포자충)에 의해 발생되는 질환이다. 크립토스포리디움은 작은 구균성(球菌性, coccal) 원생동물로서 4개의 포자소체(胞子小體, sporozoite)와 낭포체(囊胞體, oocyst)를 가지고 있는 것이 특징이며, 파충류와 조류 및 포유동물 등 척추동물의 장관에 기생한다.

크립토스포리디움은 크레스티드 게코에서 가장 흔하게 발생하는 기생충으로 대부분의 경우 소화기계통에 서식하며, 생애주기의 일부 기간 동안 장내 또는 위장에 둘러싸여 지낸다. 감염이 심한 경우 이러한 장기에 심각한 염증을 일으키고 소화를 방해해 결국 폐사에 이르게 할 수 있다. 특정 종, 특히 레오파드 게코 그룹에서 크립토스포리디움은 다른 어떤 병원체보다 사육자들이 우려하는 것이다. 널리 퍼져 있는 이 기생충을 좀 더 이해하기 위한 연구는 거의 이뤄지지 않았지만, 레오파드 게코에 있어서는 스트레스를 유발할 가능성이 있는 것으로 알려졌다.

신선한 대변 샘플을 채취해 현미경으로 쉽게 확인할 수 있는데, 크립토스포리디움이 관찰된 경우 건강에 해로운 개체군은 수의사로부터 적절한 항생제를 처방받아 치료를 진행해야 한다. 다수의 크레스티드 게코 배설물 샘플에서 미확인된 크립토스포리디움 종이 발견됐지만(J. Hiduke, Personal Communication), 이들 중 크립토스포리디아증 증상을 일으킨 종은 없었다. 미확인 크립토스포리디움 종들이 크레스티드 게코에 심각한 위협이 되는지 여부를 확실하게 파악하기 위해서는 앞으로 이와 관련한 연구가 좀 더 진전돼야 할 것이다.

호흡기감염

사람과 마찬가지로, 크레스티드 게코 역시 호흡기감염이 발생할 수 있다. 박테리아 혹은 곰팡이나 기생충이 호흡기감염을 일으키며 세정제, 향수, 반려동물 비듬 및 기타 미립자 물질들은 파충류의 호흡기를 자극할 수 있다. 이와 같은 박테리아와 대부분의 균류는 생활 주변 어디에나 존재하고 있으며, 동물의 면역체계를 압도할 때만 문제가 생긴다. 다른 박테리아와 대부분의 바이러스는 전염된다.

호흡기감염이 발생한 크레의 경우 코와 입에서 액체나 점액이 흐르는 것을 볼 수 있으며, 무기력과 먹이거부 증상이 나타날 수 있다. 또한, 발열을 위해 열원 아래에서 많은 시간을 보낼 수 있다. 질병 발생의 가능성을 줄이려면 개체들을 격리하고, 사육장은 지나치다 싶을 정도로 깨끗하게 유지해야 한다. 온도, 환기, 습도 등 모든 측면에서 가능한 한 최고의 환경을 제공하도록 노력하며, 너무 자주 핸들링을 하거나 혼란스러운 상황에 노출시킴으로써 스트레스를 받는 일이 없도록 주의해야 한다.

호흡기감염을 치료하기 위해서는 거의 항상 수의과적인 관리가 필요하다. 수의사는 원인물질을 파악하기 위해 점액의 샘플을 채취해 분석하고, 필요한 경우 항생제와 같은 약물을 처방할 것이다. 수의사가 처방한 방침을 정확하게 따르는 것이 급선무다. 또한, 치유되는 동안 스트레스 수준을 매우 낮게 유지하는 것이 중요하다. 스트레스는 면역기능을 떨어뜨릴 수 있으므로 불필요하게 핸들링을 하지 않도록 하고, 회복되는 동안 사육장 앞부분을 덮어주도록 한다.

호흡기감염 발생의 가능성을 줄이려면 개체들을 격리하고, 사육장은 지나치다 싶을 정도로 깨끗하게 유지해야 한다.

구내염(mouth rot)

구강염이라고도 불리는 구내염은 크레의 입안에서 변색, 퇴색 또는 치즈냄새가 나는 물질이 보이는 것으로 확인된다. 구강이 부패되는 구내염은 심각한 질병이 될 수 있으며, 수의사의 치료가 필요하다. 구내염은 부상으로 인해 유발될 수 있지만 (사육장 측면에 주둥이를 문지르는 경우 등), 전신질환으로 발생할 수도 있다. 수의사는 크레의 입을 청소하고 항생제를 처방할 수 있으며, 문제가 해결될 때까지 먹이급여를 중단하도록 권장할 수 있다. 구내염에서 회복 중인 개체에게는 항상 적절한 온도, 습도, 환기를 갖춘 깨끗한 사육환경을 제공해야 한다.

생식기탈출증

간혹 크레스티드 게코 수컷의 경우 교미 후 두 개의 생식기 중 하나를 몸속으로 다시 되돌려보내지 못하는 일이 생길 수 있다. 이는 버미큘라이트 조각이나 다른 이물질이 생식기에 달라붙어 수축을 방해하기 때문일 수 있으며, 명확한 원인이 없는 경우도 있다. 초기에 발견되면 경험 많은 브리더는 생식기를 마사지해서 다시 몸속으로 수납시킬 수 있는데, 이는 일반 사육자에게는 어려운 과정이며 혈관이 얼마나 오랫동안 노출돼 있었는지에 따라 완전히 성공하지 못할 수도 있다.

일반적으로 생식기가 괴사된 후에 발견되는 경우가 많은데, 이때는 반드시 수의사

를 통해 절단해야 한다. 나머지 생식기를 사용할 수 있기 때문에 짝짓기는 가능하다. 수컷에게서 생식기탈출증이 발견된다면, 더 이상의 부상이나 감염을 막기 위해 몇 가지 조치를 취해야 한다. 만약 탈출된 생식기가 건강한 분홍색을 띠며 붓기가 없다면 다음과 같은 방법으로 다시 체내에 수납하기 위한 시도를 할 수 있다.

일단 생식기에 달라붙은 이물질을 미지근한 물로 씻어낸다. 총배설강 개구부를 부드럽게 검사

해 혈관이 수축하는 것을 방해할 수 있는 이물질이 있는지 확인하고, 겸자를 사용해 조심스럽게 제거한다. 세척 후 생식기가 천천히 들어가지 않으면 다음 단계로 넘어간다. 수도꼭지를 살짝 돌려 차가운 수돗물이 졸졸 흐르게 한 다음, 생식기에 물줄기를 대고 나머지 부분에는 몇 분 동안 찬물을 끼얹는다. 이 방법이 성공하면 생식기는 차가운 물과 접촉하는 동안 천천히 몸속으로 다시 들어갈 것이다.

몇몇 브리더들과 사육자들은 다른 파충류에서 차가운 물에 다량의 설탕을 용해시킨 설탕용액에 담그면서 탈출증을 치료하는 데 성공했다. 앞서 언급한 두 가지 방법으로 문제가 해결되지 않으면, 이 방법을 시도해 볼 수 있다. 만약 생식기를 수축시킬 수 없다면, 결국 괴사하게 되고 검게 변하면서 마르게 될 것이다. 때때로 이 단계에 이르기 전까지 탈출증을 알아차리지 못할 수도 있다. 개체가 겪을 수 있는 불필요한 불편함을 막고 감염 가능성을 줄이기 위해 가능한 한 빨리 파충류 치료 경험이 있는 수의사를 통해 생식기를 절단하도록 하는 것이 최선이다.

탈수(dehydration)

탈수는 보통 사육자의 부적절한 관리로 인해 발생한다. 충분한 물과 적절한 습도 조건을 제공하는 한, 탈수문제는 발생하지 않는다. 병이나 부상으로 약해진 크레는 적극적으로 물을 찾지 못할 수 있으며, 이때는 사육자가 직접 수분을 공급해 줘야 한다. 어떤 개체는 그릇에 있는 물을 마시는 것보다 분무된 물방울을 핥는 것을 선호하므로 개체를 면밀히 관찰하고 필요에 따라 방법을 조정하도록 한다.

에그 바인딩(egg binding)

암컷이 자신의 몸에서 알을 내보낼 수 없는 상태를 에그 바인딩이라 한다. 에그 바인딩의 원인은 잘 알려져 있지 않지만, 영양결핍이나 적절한 산란장소의 부족에 기인한다. 건강이 좋지 않거나 안절부절못하거나 지속적으로 안간힘을 쓰는 등의 징후를 보이는 암컷은 에그 바인딩을 의심해 봐야 한다. 적당한 시기에 낳지 않은 알은 암컷의 복부 안에서 굳어지고 딱딱해지며, 육안으로 쉽게 확인할 수 있다.

에그 바인딩은 두 가지 형태로 나타난다. 첫째, 배란이 정체되는 경우다. 알이 난소에서 성장하지만 배란이 되지 않기 때문에, 난소에 난황이 지속적으로 유지됨으로써 과부하상태가 된다. 그러나 이러한 형태는 크레스티에서는 드문 것으로 보인다. 둘째, 껍데기가 형성된 알로 난관이 막히는 경우다. 껍데기가 쉽게 나타나기 때문에 방사선 촬영으로 진단할 수 있다. 이러한 증상에는 환경(적절한 산란장소가 제공되지 않는 경우), 낮은 칼슘수준, 골반 골절 또는 변형, 내부종양 등을 포함한 여러 가지 가능한 원인이 있으므로 수의사가 필요한 검사를 실시해야 할 수도 있다.

치료는 산란상자를 비롯해 적절한 온도, 습도 등 올바른 환경을 제공하는 것이 포함되며, 이러한 환경을 제공함으로써 정상적인 산란을 유도할 수 있다. 또한, 칼슘을 잘 보충해 주는 것도 중요하다. 이와 같은 방법이 실패한다면 수의사에게 데려가도록 한다. 수의사는 칼슘과 옥시토신(oxytocin), 경피적 난소주사(체내 벽에 삽입된 주사바늘을 통해 알 내용물이 빨려 들어가게 함으로써 수축된 알이 통과할 수 있다. 이는 전신마취하에 이뤄져야 한다) 또는 외과적 제거수술을 고려할 수 있다. 다른 종의 파충류에서 수술을 통해 제거하는 것이 성공했지만, 그 비용이 매우 비싼 것으로 알려져 있다.

에그 바인딩을 겪고 있는 암컷의 전망은 일반적으로 매우 회의적이다. 일단 알이 굳으면 암컷의 체내를 통과할 수 없다. 에그 바인딩에 걸린 암컷은 이런 상태로 꽤 오랫동안 살 수 있지만, 건강은 계속해서 악화될 것이다. 균형 잡힌 영양을 섭취할 수 있도록 해주고 적절한 산란상자를 제공하는 것이 최선의 예방책이다.

Chapter 06

크레스티드 게코의
번식과 실제

크레스티드 게코를 번식하기 전에 기본적으로
알아야 할 사항들에 대해 살펴보고, 실제적인
번식의 전반적인 과정에 대해 알아본다.

크레스티드 게코의 성별구분법

크레스티드 게코는 사육하에서 번식시키기가 매우 쉬우며, 전 세계적으로 흔하게 번식되는 게코 종 중 하나다. 전문브리더들과 애호가들의 번식 노력 덕분에 크레스티드 게코는 재발견된 지 10년도 채 지나지 않아 쉽게 구할 수 있게 됐다. 암컷 개체 한 마리가 매년 15~22개의 알을 낳을 수 있기 때문에 해마다 점점 더 많은 해 츨링을 구할 수 있게 되면서 크레스티드 게코의 분양가는 지속적으로 하락하고 있다. 크레그티드 게코를 번식시킬 계획이라면 우선 암컷과 수컷을 확보해야 하며, 성공적인 번식을 위해서는 건강한 암수를 확보하는 일이 무엇보다 중요하다. 이번 섹션에서는 크레스티드 게코의 성별을 구분하는 방법에 대해 알아본다.

파충류 숍에서는 대부분 미성숙한 개체들을 분양하기 때문에 성적 이형성이 뚜렷하게 나타나지 않아 분양 당시 성별을 구분하기는 어렵다. 주버나일 개체의 성별을 구분할 수 있는 믿을 만한 방법이 없다는 것은 조금 아쉬운 일이다. 어떤 사람들은 미성숙한 개체의 경우 반음경 유무 또는 서혜인공을 10배 확대경 또는 루페를

이용해 검사함으로써 성별을 구분할 수 있다고 주장하기도 했지만, 이는 확실하지 않은 것으로 밝혀졌다. 적절한 관리가 이뤄진다면 크레스티드 게코는 부화 후 1년 이내에 육안으로 성별을 구분할 수 있다.

서혜인공 차이에 따른 암수구분

크레스티드 게코의 성별을 구분할 수 있는 한 가지 방법은 뒷다리의 대퇴(허벅지) 안쪽 비늘에 일렬로 나타나는 서혜인공(femoral pore; 대퇴모공이라고도 함)을 확인하는 것이다. 서혜인공은 성숙한 도마뱀 수컷에서 볼 수 있는 표피성 소기관으로, 뒷다리 안쪽을 자세히 살펴보면 총배설강(總排泄腔, cloaca; 파충류에서 배변과 교미를 위해 사용되는 기관으로 꼬리의 시작부분과 몸통이 만나는 곳에 있는 갈라진 틈을 말한다)의 위쪽 비늘에 V자 모양을 띠는 일련의 모공을 확인할 수 있으며, 이 모공을 서혜인공 또는 대퇴모공(大腿毛孔)이라고 한다. 여기서 암컷을 유혹하는 데 사용되는 페로몬이 분비된다.

서혜인공은 수컷과 암컷 모두 가지고 있지만, 수컷의 경우 암컷에 비해 좀 더 크고 두드러지기 때문에 이러한 특징을 비교해 암수구분이 가능하다. 서혜인공이 있는 비늘은 일반적으로 주변의 색보다 좀 더 밝은 색을 띠며, 사진작가들이 사용하는 루페(loupe)를 이용해 확실하게 살펴볼 수 있다. 루페로 모공을 효과적으로 확인하기 위해서는 빛이 잘 드는 곳에서 검사해야 한다. 6g 미만의 아주 어린 개체는 루페를 사용해도 이러한 특징이 두드러지지 않아 성별을 구분하기 어렵다.

일부 브리더는 크레스티의 비늘 모양으로 암수를 구분할 수 있다고 주장하기도 한다. 수컷은 좀 더 둥글고 물고기와 비슷한 모양의 비늘을 가지고 있고 암컷은 타원형의 더 얇은 비늘을 가지고 있다는 것인데, 수컷에 비해 더 넓은 물고기형

수컷의 대퇴부를 확대한 모습. 총배설강 위쪽으로 V자 모양의 서혜인공이 뚜렷하게 확인된다.

비늘을 가진 암컷도 있기 때문에 성별을 구분하는 정확한 방법이라고 할 수 없다. 따라서 좀 더 성적 특징이 확실한 방법을 채택해 구분하는 것이 바람직하다.

반음경 유무에 따른 암수구분

성숙한 크레스티드 게코의 성별을 구분할 수 있는 가장 쉽고 정확한 방법은 꼬리 시작부분의 아래쪽에 나타나는 한 쌍의 부푼 돌출부를 확인하는 것이다. 성숙한 수컷의 경우 성적 발현으로 반음경이 발달되는데, 이 반음경으로 인해 꼬리 시작

부분의 아래쪽이 불룩하게 돌출되는 것이다. 이 돌출부는 보통 크레가 성숙한 크기(약 12g 정도)에 가까워지면 갑자기 나타나는데, 눈에 띌 정도로 발달하는 데 소요되는 시간은 개체에 따라 다를 수도 있다. 따라서 만약 여러분이 두 마리의 크레를 보유하고 있는데, 한 마리에게서 이 돌출부가 확인됐고 다른 비슷한 크기의 크레에게서는 보이지 않을 때 이를 근거로 암컷이라고 단정짓지 않도록 한다. 몇 주 후에 돌출부가 나타날 수도 있다.

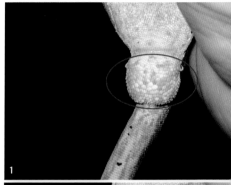

반음경은 짝짓기를 할 때 사용되며, 사용하지 않을 때는 꼬리 밑 부분 안쪽에 고정돼 있다. 일부 경험 많은 사육자들의 경우 덜 성숙한 개체라 하더라도 미세한 차이를 확인해 성별을 식별할 수 있기도 하지만, 초보사육자에게는 확인하기가 매우 어려운 방법이다. 성체 암컷은 또한 항문 주변에 약간의 지방 침전물이 있을 수 있으며, 이는 작은 반구형의 돌출부 같은 인상을 줄 수 있다.

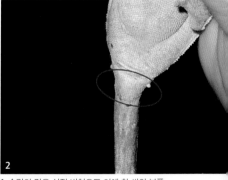

1. 수컷의 경우 성적 발현으로 인해 한 쌍의 부푼 돌출부가 나타나는 것이 두드러진 특징이다. 서혜인공 또는 대퇴모공은 잘 발달돼 있으며, 표준 돋보기로 관찰할 수 있다. 2. 암컷의 경우 꼬리 시작부분을 살펴보면 수컷에 비해 상대적으로 평평한 것을 확인할 수 있다.

02
section

크레스티드 게코
번식 전 준비

파충류를 번식하는 것은 항상 위험을 수반하는 일이므로 건강이 좋지 않은 크레스티드 게코는 번식프로그램에서 제외시키는 것이 현명하다. 번식과정은 특히 교미 시 발생할 수 있는 부상을 견뎌내야 하고, 수많은 알을 생산해야 하는 암컷에게 많은 스트레스를 유발한다. 번식을 위해 선택되는 개체는 반드시 적절한 체중에 도달해야 하지만, 비만은 생식문제를 유발하므로 피해야 한다. 아울러 수분을 충분히 공급하고 있는지, 기생충이나 감염 및 부상이 없는지 확인해야 한다.

번식 가능한 크기로 양육

모든 파충류와 마찬가지로 크레스티드 게코에 있어서도 성성숙에 도달했는지 여부는 나이보다는 크기와 체중을 기준으로 판단한다. 크레가 양질의 식단을 잘 섭취한 경우 15~18개월이면 성성숙에 도달할 수 있다. 일단 SVL이 약 7~8cm 되면 수컷에게 반음경으로 인한 부푼 돌출부가 나타나기 시작할 것이다.

앞서 설명한 바와 같이 반음경으로 인해 생긴 돌출부가 성성숙한 크레스티드 게코의 성별을 확인하는 가장 정확한 방법이다. 성체 암컷은 수컷보다 체중이 더 무겁고 두꺼운 몸을 가진 두툼한 체형이 나타나는데, 암컷은 짝짓기를 하기 전에 몸무게가 30g 이상이 돼야 한다. 몸집이 작은 수컷의 경우 성적으로 성숙했을 수는 있지만, 신체적으로 더 큰 암컷과 짝짓기를 할 수 없거나 허용될 수 없다.

수컷의 격리
일단 크레스티드 게코가 성성숙에 도달하면, 같은 사육장 안에 있는 수컷들은 대개 서로 싸우기 시작할 것이다. 실제 싸움이 벌어지고 있는 것이 보이지 않더라도, 동료에 물린 자국들을 발견할 수 있을 것이다. 보통은 턱 피부에 희미한 윤곽으로 나타나며, 때때로 피부가 찢어질 수도 있고, 특히 머리 부분에 감염이 발생할 수도 있다. 두 마리의 수컷이 계속 함께 지낸다면 싸움이 지속될 것이고, 필연적으로 꼬리를 잃고 경쟁으로 인해 불필요한 스트레스를 받게 된다. 따라서 성숙한 수컷은 항상 따로 떼어놓는 것이 바람직하다. 암컷들은 집단적인 상황에서 잘 지내며, 서로에게 부상을 입히는 경우는 거의 없는 것으로 보인다.

쿨링(cooling)
크레스티드 게코는 번식을 위해 별다른 준비를 할 필요는 없다. 상대적으로 시원한 기후에 서식하는 다른 많은 파충류와는 달리, 크레는 번식기 전의 쿨링(cooling: 온대기후의 자연서식지에서 발생하는 계절적 변화를 모방해 사육하에서 인위적으로 재현해 줌으로써 번식행동을 유발하는 것)을 필요로 하지 않는다. 최적의 온도범위 내에서 관리되고 적절한 식단(비타민보충제를 포함해)을 제공하며, 적당한 산란장소를 마련해 주기만 한다면 크레스티드 게코는 더 이상의 준비를 할 필요 없이 쉽게 번식할 것이다.

그렇다고 쿨링이 유익하지 않다는 것은 아니다. 사육장에서 수컷을 격리하고 온도를 3~4개월 동안 낮춰주면, 시원한 휴식기간으로 인해 어느 정도의 시간 동안 번식 스트레스를 받지 않고 영양자원을 보충할 수 있게 된다. 이 과정은 추운 기후 출신

크레스티드 게코를 번식시키기 전에 암수 모두 충분한 크기로 성장시켜야 한다. Florence Ivy/CC BY-ND

의 파충류가 요구하는 것과 같은 동면의 형태여서는 안 된다. 21~22℃ 범위의 온도를 유지해 주면 되며, 야간에는 15.6℃ 가까이 떨어뜨리는 것이 허용된다. 크레는 이처럼 시원한 기간 동안 많이 먹지 않기 때문에 계속해서 며칠 동안 15.6℃ 이하의 온도범위에 머물지 않도록 주의해야 한다. 이 범위의 온도에 노출될 때 위속의 음식은 소화되지 않고, 이후 분해돼 내부감염을 일으키게 되기 때문이다. 낮 기온은 소화 및 신진대사를 방해하지 않도록 최저 21~22℃로 다시 올려야 한다.

번식그룹 세팅

수컷 한 마리는 지속적으로 암컷 한 마리와 함께 수용될 수 있다. 대규모 그룹을 사육하는 브리더들은 암컷이 있는 여러 사육장에 정기적으로 수컷 한 마리를 번갈아가며 합사시킨다. 수컷은 여러 마리의 암컷이 들어 있는 사육장에 며칠 동안 그대로 뒀다가 다른 암컷의 사육장으로 옮긴다. 보통 수컷은 일단 새로운 암컷들에게 소개되면 기꺼이 짝짓기를 할 것이다. 번식기에 같은 사육장에 복수의 개체를 수용하는 경우, 각각의 개체가 서로에게서 벗어날 수 있도록 충분한 은신처를 제공함으로써 스트레스를 줄여주는 것이 중요하다.

03
section

번식의 과정

크레스티드 게코의 번식은, 모든 도마뱀 중에서 가장 번식하기 쉬운 동물로 알려진 레오파드 게코와 비슷한 수준으로 쉽다. 암수 성체를 따뜻한 계절 동안 합사하면 보통 몇 달 안에 알을 얻을 수 있다. 사육하에서 크레스티드 게코의 번식과정은 교미 -> 산란 -> 알의 수거 -> 인큐베이팅 -> 부화 -> 유체관리 순으로 진행된다. 이번 섹션에서는 크레스티드 게코의 실제 번식과정에 대해 살펴본다.

일반적으로 반려파충류를 사육하에서 번식시킬 때는 먼저 쿨링(cooling)을 진행하게 되는데, 크레스티드 게코에 있어서는 이 과정이 반드시 필요한 것은 아니다. 앞서 언급했듯이, 쿨링은 온대기후에서 서식하는 도마뱀에게 사육하에서 인위적으로 온도변화를 겪게 함으로써 번식에 돌입하도록 유도하는 과정을 말한다. 사육장 온도를 낮추고 조명시간을 줄이는 쿨링을 통해 겨울의 조건을 시뮬레이션할 수 있게 되는데, 이와 같은 계절적 변화는 사육하의 파충류가 알이나 정자 또는 둘 모두를 생산하도록 자극하는 데 필요한 것이다.

크레스티드 게코에 있어서는 쿨링이 반드시 필요한 것은 아니지만, 진행한다면 더욱 좋은 효과를 볼 수 있다.
Florence Ivy/CC BY-ND

그러나 크레스티드 게코 암수는 보통 온도가 따뜻하고 광주기가 12시간 이상 지속되면 언제든지 번식행동을 보이기 때문에, 크레스티에 있어서는 쿨링이 성공적인 번식을 위해 반드시 필요한 과정은 아니다. 대신 암컷이 지방과 칼슘비축량을 회복하고 재건할 수 있도록 번식활동을 멈추기 위한 방법으로 주로 쿨링을 진행하게 된다.

일반적으로 온도를 몇 ℃ 정도 낮추고 약 60일 동안 광주기를 10시간 이하로 줄여주는데, 기온과 광주기는 점차 낮아지고 상승해야 할 것이지만 크레의 쿨링요법이 다소 유연적이기 때문에 반드시 엄격하게 실행해야 할 필요는 없다.

일반적인 쿨링 과정을 예로 들면 다음과 같이 진행될 수 있다. ①12월 1일부터 사육장의 외부온도를 24.5~25.5℃로 떨어뜨린다. ②동시에 한 시간 늦게 사육장의 조명을 켜고 한 시간 일찍 전원을 끄기 시작한다. ③가능하면 암수를 쿨링 기간 동안 격리한다. 일부 개체(특히 수컷)는 이 기간 동안 더 적게 먹을 수도 있지만, 물과 음식은 여전히 충분하게 제공한다. ④2월 1일에는 온도와 광주기를 정상적인 조건으로 되돌린다. ⑤일부 사육자는 이 시기에 수컷과 암컷을 재합사하기도 하지만, 재합사하기 전에 암컷에게 약 한 달 동안 먹이를 많이 급여하는 사육자도 있다.

모든 도마뱀은 온도에 대한 내성수준이 개체마다 다양하게 나타난다는 것을 이해하는 것이 중요하다. 만약 사육장 안의 주변 온도를 2℃(관련된 조명시간 감소와 함께) 떨어뜨리고 크레가 계속해서 번식한다면, 온도를 2℃ 더 떨어뜨리고 일일 조명시간을 더 줄일 수 있다. 크레스티드 게코는 자연서식지에서 따뜻한 겨울을 경험하지만, 동면하는 것과 같은 상태를 유도할 정도로 낮지는 않다는 것을 기억하자. 크레를 매우 낮은 온도에 노출시키면 병에 걸리게 된다. 야간의 온도를 약 15.6℃ 이하로 떨어뜨리지 말고, 크레스티가 원한다면 매일 최소 몇 시간 동안 항상 일광욕을 할 수 있도록 해준다. 크레스티드 게코의 경우 광주기에 대해서는 정확하게 알려져 있지 않다. 냉각기(cooling period)와 마찬가지로, 파충류의 많은 종이 또한 계절적 사이클의 일부로서 겨울철 동안 일광시간의 감소에 반응한다. 크레스티드 게코는 야행성이기 때문에 정상적인 활동을 위해서는 광주기가 제공돼야 한다.

사육장 조명의 사용 여부에 관계없이 실내의 모든 조명은 밤에는 꺼야 한다. 만약 사육장에 조명을 사용하지 않는다면, 낮에는 완전히 어둡게 유지하면 안 된다. 사육장이 있는 방 안의 창문이나 실내조명이 적절할 것이다. 일 년 내내 12시간에서 14시간의 조명시간을 제공함으로써 일 년 중 대부분을 번식할 것이며, 광주기가 줄어들면 번식활동이 중단될 수 있다. 만약 주로 창문을 통해 들어오는 빛으로 조명을 대신하는 방에서 번식시킬 계획이라면, 창문을 모두 가리고 다른 조명수단을 강구해야 한다. 그렇지 않으면 낮 시간의 단축을 감지하고 번식을 중단할 수도 있다.

교미

번식이 목적인 경우 크레스티드 게코는 암수 한 쌍 혹은 수컷 한 마리당 암컷 다섯 마리까지 일 년 내내 합사해도 무방하다. 일반적으로 성체 수컷은 암컷이 있는 경우 서로 싸우는 경향이 있기 때문에 브리딩 그룹에는 수컷 성체를 두 마리 이상 합사해서는 안 된다. 대부분의 크레스티드 게코 브리더는 암컷의 체중이 적어도 30g이 될 때까지 충분히 성숙시킨 다음 수컷과 합사시킨다.

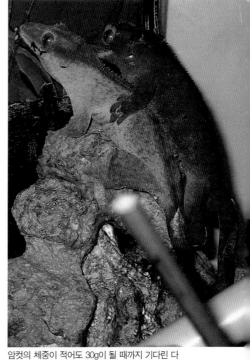

암컷의 체중이 적어도 30g이 될 때까지 기다린 다음 수컷과 합사시키는 것이 좋다. Steve Lagou/ CC BY

크레스티드 게코는 일 년 중 따뜻한 시기, 특히 4월에서 10월까지 암수를 합사하면 쉽게 번식한다. 1년 중 약 8~9개월 동안 거의 매달 번식하고 나머지는 쉬게 된다. 이 휴식기간은 장려돼야 하는데, 이는 아마도 뉴칼레도니아의 시원한 건기와 일치하도록 진화한 결과로 보인다. 11월에서 3월까지는 사육장을 약간 식히고 야간기온은 약 17~20℃도로 낮춰 번식과 알 생산을 멈추도록 유도하는 것이 좋다.

암수가 성숙해지면 수컷을 암컷과 합사한다. 수컷은 짝짓기를 시도할 때 때때로 지나치게 공격적인 성향이 나타나기 때문에 합사할 때는 주의를 기울여야 한다. 수컷을 사육장에서 꺼내 암컷 사육장 안에 넣는데, 이때 수컷에게 암컷을 맡겨도 되지만 정기적으로 확인해서 서로 적대적인 상황이 발생하지 않도록 해야 한다. 이 과정에서 암수를 필요 이상으로 방해하지 않는 것이 바람직하다. 교미는 거의 즉시 시작될 수도 있고, 시작하는 데 몇 시간이 걸릴 수도 있다. 합사된 쌍은 한 번만 교미할 수도 있고, 여러 날 동안 여러 번 교미할 수도 있다. 일반적으로 암수를 며칠 동안 합사시켜 여러 번 교미하도록 하면 임신 가능성을 높일 수 있다.

짝짓기는 보통 활동적인 밤 시간에 이뤄진다. 암수 두 마리가 비바리움을 뛰어다니면서 소리를 내는데, 꽤 시끄러울 수 있다. 이는 수컷이 암컷의 자손을 양육할 수 있는 건강한 신체와 적합성을 가지고 있는지 시험하기 위해 고안된 행동으로 추정된다. 크레스티드 게코는 한 쌍으로 유대를 형성하지 않기 때문에 야생에서 번식력이 있는 암컷은 여러 마리의 수컷이 구애할 수 있으며, 이중 가장 강한 수컷을 선택해야 하기 때문이다.

실제적인 교미는 몇 분 동안 지속된다. 구애를 하는 동안 수컷은 암컷의 등에 올라타서 입으로 암컷의 목덜미나 어깨를 물고 제압한다. 그리고 나서 암컷의 총배설강에 반음경을 삽입할 수 있도록 하기 위해 자신의 골

암컷의 정자 보유

많은 파충류에서처럼, 암컷 크레스티드 게코는 체내에 몇 달 동안 수컷의 정자를 보관할 수 있다. 이렇게 해서 수컷과 교미한 지 오래 지난 후에도 수정란을 생산할 수 있고, 크레의 현재 환경적 또는 생리적 조건이 알을 낳기에 적합하지 않을 경우 수정을 통제할 수도 있다. 따라서 혼자 사는 암컷이 수컷과 교미 후 오랫동안 계속해서 알을 낳는다고 해도 놀랄 필요는 없다.

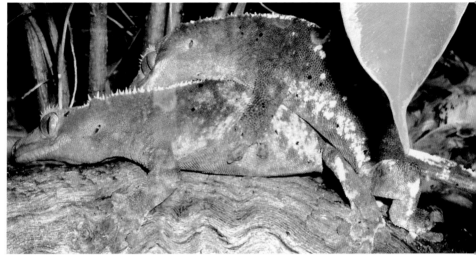
수컷이 암컷의 머리나 목의 양쪽을 잡고 올라타서 교미를 위한 위치를 잡는다.

반을 암컷 꼬리의 한 쪽으로 움직여 어느 정도 평행하게 맞추고, 두 개의 반음경 중 하나를 암컷의 총배설강 개구부에 삽입해 정자를 투입한다. 이 '물기'는 암컷에게 피상적인 상처를 남길 수 있으며, 대부분의 경우 피부가 찢어지지는 않고 다음 탈피 때 사라진다. 필요한 경우 소금물이나 묽은 요오드용액으로 씻을 수 있다.

때때로 짝짓기를 한 후에 수컷의 반음경이 제자리로 되돌아가지 않는 경우가 있는데, 수컷은 일반적으로 혀로 반음경을 핥으며 몇 시간 안에 제자리로 돌아가야 한다. 그렇지 않은 경우 수의사와 상의하도록 한다.

산란상자 세팅

교미가 끝나고 암컷이 임신을 하면 알을 낳기에 적절한 산란장소를 제공해 줘야 한다. 암컷은 3주에 한 번씩 알을 낳기 때문에 항상 준비해 두는 것이 좋다. 일부 암컷은 산란 후 알이 있는 장소를 잠시 동안 보호할 수 있지만, 실질적인 부모의 보살핌은 없다. 따라서 임신한 암컷은 산란된 알을 65~120일 동안 배양하기에 적합하다고 생각되는 곳에 알을 낳으려는 경향이 있다.

적당한 깊이의 바닥재가 있는 좁은 공간의 부지를 선택하기 때문에 산란상자가 매우 유용하다. 보통 23~26℃ 정도로 유지되는 적절한 온도의 인큐베이션 바닥재를 원하며, 배아가 자라면서 주변으로부터 물을 흡수하기 때문에 바닥재가 너무 건조하면 알과 난황이 탈수되므로 적절한 수분이 유지되는 곳을 선호한다.

산란상자의 바닥재가 너무 습하면 배아가 익사하거나 박테리아와 곰팡이가 발달 중인 알에 감염될 수 있고, 너무 건조하면 암컷은 사육장 안에 있는 유일한 습윤지역인 물그릇에 알을 낳게 될 수도 있다. 따라서 바닥재의 수분을 적절한 수준으로 유지하는 것이 매우 중요하다. 어미는 자신의 알이 포식을 피할 수 있다고 확신할 수 있는 장소를 원하기 때문에, 온도가 적절하고 바닥재가 깨끗하며 충분히 축축하다면 대부분 사육자가 제공하는 산란상자를 선택해 알을 낳을 것이다.

산란상자는 단순하게 플라스틱 용기로 만들어 제공할 수 있는데, 뚜껑에 구멍을 내고 축축한 바닥재로 채워주면 된다. 출입구가 있는 뚜껑은 안정감을 줄 뿐만 아니라 국소적으로 습한 공기를 유지하고 바닥재의 건조속도를 낮추는 데도 도움이 된다. 일반적으로 사용되는 산란상자의 바닥재는 버미큘라이트(vermiculite), 스패그넘 모스(sphagnum moss), 피트(peat)이며, 최근에는 코코넛 파이버(coconut fiber)도 많이 활용되고 있다. 어떤 종류의 바닥재를 사용하든 촉촉한 정도의 습기를 유지하되 너무 젖은 상태가 되지 않도록 주의 깊게 관찰하는 것이 중요하다.

버미큘라이트는 정교하게 층을 이룬 과립 미네랄제품으로, 열처리 과정을 통해 어느 정도 팽창해 수분유지력을 높인다. 보통 수분보유 및 토양 통기를 위한 화분용 영양토 첨가제로 사용되며, 거친 것부터 미세한 것까지 여러 등급으로 시판된다. 대부분의 브리더들이 선호하는 것은 중간 등급이며, 개별 과립의 평균 직경은 0.32cm다. 버미큘라이트를 사용할 경우 무게에 따라 버미큘라이트:물을 2:1의 비율로 혼합한다. 손으로 쥐었을 때 촉촉하되 물이 흘러나와서는 안 된다.

스패그넘 모스는 건조된 뭉치로 판매되는 긴 섬유질의 이끼다. 사용 시에는 포화될 때까지 물에 담가뒀다가 과도하게 함유된 물을 짜낸 다음, 크레가 쉽게 파고들 수 있도록 몇 인치 깊이로 산란상자를 채워주면 된다. 스패그넘 모스로 작업할 때

운이 좋으면, 암컷은 교미 직후에 임신을 하게 될 것이다. 그러나 암컷이 알을 낳기 시작할 때까지는 임신이란 것을 알아차리지 못할 수도 있으므로, 일단 수컷과 암컷의 합사가 시작되면 그런 경우에 대비하는 것이 좋다. 임신한 암컷은 평소와는 조금 다르게 행동이 바뀔 수도 있다. 사육장의 따뜻한 구역을 자주 찾아다니기 시작할 수도 있고, 더 은둔하려는 경향이 나타날 수도 있다. 초기에 식욕증가를 보인 후, 전형적으로 산란이 다가옴에 따라 먹이섭취를 중단하게 된다. 임신한 암컷에게는 적당한 산란장소를 제공해야 하는데, 뚜껑에 출입구가 있는 플라스틱 보관용기가 적절하다. 약간 축축한 스패그넘 모스로 산란상자를 반 정도 채워주는 것이 좋다. 절대적으로 필요하지 않은 한 임신한 암컷은 핸들링을 하지 말고 스트레스 수준을 최대한 낮춰주도록 해야 한다.

암컷에 있어서 알을 생산하는 것은 신체자원을 고갈시키는 힘든 과정이다. 지방은 복부 지방패드와 같은 저장고에서 빼내와 난소로 옮겨지며, 먹이를 먹을 수 있는 부화하고 첫 번째 탈피 이후까지 발달된 배아에 영양을 공급하는 난황의 일부를 구성하게 된다. 알껍데기는 상당히 석회화돼 있고, 알의 내용물 주변에 놓일 마지막 층인 이 칼슘은 어미의 뼈대에서 직접 뽑아내기 때문에 먹이섭취로 보충해 줘야 한다. 시중에서 구할 수 있는 탄산칼슘 분말과 같은 칼슘공급원을 작은 그릇에 담아 제공하도록 하는데, 이는 보통의 칼슘보충제에 추가로(대신이 아닌) 제공하는 것이다. 성체 암컷은 다양한 이유로 불임이 될 수도 있지만, 영양상태가 좋지 않아 알이 생기지 않는 경우도 있다. 제4장의 영양 섹션에 자세히 설명된 대로 적절한 보충제를 곁들인 다양한 식단을 제공하는 것이 현명하다.

는 스포로트릭스 셴키(*Sporothrix schenckii*)라고 하는 곰팡이에 감염될 위험이 있으므로 반드시 장갑을 착용하고 마른 먼지를 흡입하지 않도록 주의한다. 이 균류의 포자는 피부의 상처에 침입하며, 물집이 생기거나 부위가 벌어지면서 몸의 다른 부위로 퍼질 수 있다. 포자가 흡입되면 심각한 호흡기감염이 발생할 수 있다.

산란

산란이 가까워진 암컷의 배를 손으로 만져보면, 체강 내에 완두콩 크기의 단단한 알 두 개가 자리 잡은 것을 느낄 수 있다. 과도한 압력이 가해지면 알이 파열돼 심각한 내부반응을 일으킬 수 있기 때문에 손으로 만질 때는 최대한 부드럽게 시도해야 한다. 알이 느껴지는 경우 산란일자가 가까워진 것이므로 암컷을 자주 살펴보는 것이 좋다. 산란은 밤에 이뤄진다. 암컷이 산란할 준비가 되면 뒷다리로 자신

이 선택한 곳에 적당한 구멍을 파서 알을 낳은 다음 묻게 되는데, 이때 뒷발로 알을 밀어 자신이 만든 구멍으로 들어가도록 유도한다. 이 과정은 적어도 한 시간 이상 지속될 수 있으며, 알을 낳는 과정에 있는 암컷은 절대 방해해서는 안 된다.

일단 두 개의 알이 모두 나오면 가능한 한 최선을 다해 알을 덮고 암컷은 더 이상 알을 돌보지 않는다. 크레스티드 게코는 대략 28~30일마다 한 클러치당 두 개의 알을 낳는데, 젊은 암컷은 첫 번째와 두 번째 시도에서 한 개의 알을 낳을 수도 있다.

크기가 큰 비바리움에서는 사육자가 산란을 놓치거나 암컷이 산란상자를 무시한 채 다른 장소에 알을 낳을 수도 있다. 이렇게 낳은 알들도 조건이 맞는다면 순조롭게 배양돼 부화할 수 있고, 예상치 못하게 해츨링이 발견됐을 때 즐거운 놀라움을 줄 것이다. 성체가 잡아먹을 수 있으므로 해츨링은 보이는 대로 격리한다.

1. 기회가 주어지면 크레는 축축한 바닥재에 알을 낳기로 결정한다. 사육하에서는 물기를 머금은 피트 모스를 깔아준 산란상자를 사육장에 넣어주는 방법이 선호된다. 2. 암컷 크레스티는 축축한 바닥재에 파고들어 알을 낳는다. 흥미롭게도, 무정란은 바닥에 떨어뜨린 채 묻지 않고 그대로 둔다.

암컷은 3~4주 간격으로 한 번에 2개씩 7개의 클러치를 매년 생산한다. 여러 마리의 암컷을 같은 사육장에서 기르고 있다면, 번식기에는 매일 용기를 확인하는 것이 좋다. 암수 한 쌍을 사육하는 경우, 마지막 클러치를 생산한 날을 기준으로 약 3주 뒤에 확인하면 된다. 온도를 약 28℃로 유지하고 먹이를 집중적으로 급여하며, 칼슘 및 비타민D3를 보충해 주면 암컷은 1년에 최대 10개의 클러치를 생산할 수 있는데, 이는 암컷의 건강에 좋지 않다. 1년에 최대 11개의 클러치를 생산하고 얼마 지나지 않아 폐사한 암컷의 기록이 보고돼 있다. 영양을 충분히 공급하더라도 지나치게 많은 알을 낳으면 결국 알이 껍질샘을 통과한 직후 칼슘결핍증과 급격한 대사성 골질환에 걸릴 가능성이 크다. 알의 껍데기를 만드는 과정은 혈중 칼슘농도를 빠르게 떨어뜨린다. 암컷의 산란을 멈추고 싶은 경우 간단하게 수컷을 다른 곳으로 옮기면 된다. 수컷이 없으면 암컷은 한두 차례 알을 더 낳다가 멈출 것이다. 이와 같은 방법으로 어린 암컷의 번식을 지연시킬 수 있다. 한 마리만 단독으로 사육하면 한두 차례 무정란을 낳을 수도 있는데, 결국 산란을 멈추게 될 것이다.

일단 산란이 되고 휴식기가 오면, 배아는(이 단계에서 세포의 집합체만으로 구성돼 있는) 점차적으로 껍데기의 가장 높은 지점까지 이동해 결국 난황 위에 위치하게 된다. 24시간에서 48시간 후에 배아는 내부세포막인 요막(allantois)에 붙는다. 요막은 산소흡수 및 이산화탄소 배출, 껍데기로부터의 칼슘흡수 및 유해한 노폐물의 저장에 중요하다. 이 과정은 필수적이지만, 매우 취약한 상태라고 볼 수 있다.

알상자의 세팅

암컷이 일단 한 클러치의 알을 낳으면, 부화를 위한 세팅을 해야 한다. 알을 성공적으로 인큐베이팅하기 위해 사용하는 방법은 여러 가지가 있으며, 자신에게 가장 적합한 방법을 검토해서 선택하면 된다. 어떠한 방법을 선택하든 인큐베이션 기간 동안 알에 적절한 온도와 수분을 제공하고 공기가 순환되도록 해야 한다.

온도는 일정하게 유지돼야 하며, 가능하면 1℃ 이상 변하지 않아야 한다. 크레스티드 게코를 관리하는 데 권장되는 온도가 알을 인큐베이팅하는 데도 적절하다(원서에서는 크레의 관리온도인 25.5~28℃를 권장하고 있는데, 최근에는 낮은 온도를 선호하며 일반적으로 20~23℃의 낮은 온도에서 부화한 알들이 23℃ 이상에서 부화한 알들에 비해 해츨링의 크기가 크다).

온도조절기능이 있는 인큐베이터의 경우 항상 필요한 것은 아니며, 허용 가능한 범위 내에서 실내온도를 유지할 수 없는 경우에만 필요하다. 크레 사육장이 위치한 방의 온도가 일정하고 허용 가능한 범위 내로 유지된다면, 단순한 형태의 알상자를 이용해 인큐베이팅할 수 있다. 알상자로는 뚜껑 달린 플라스틱 용기를 선택

크레스티드 게코 알상자의 바닥재로는 굵은 버미큘라이트(왼쪽), 펄라이트(가운데), 버미큘라이트와 펄라이트를 반씩 섞은 혼합물(오른쪽)을 사용하면 좋다. 버미큘라이트와 펄라이트는 모두 파충류용품 숍이나 원예용품 숍에서 구할 수 있다.

하는 것이 좋으며, 상자의 반 정도를 습식 바닥재로 채워주면 된다. 알상자는 주로 펄라이트나 버미큘라이트 같은 바닥재를 적셔서 세팅하는데, 이 두 가지 바닥재는 수분을 유지하면서도 알 주변의 공기순환을 가능케 하므로 적극 권장된다. 이러한 화분토 첨가제는 몇 가지 등급으로 시판되며, 중간 등급에서 거친 등급의 재료를 사용해야 한다.

버미큘라이트나 펄라이트는 너무 축축하거나 건조하지 않도록 수분비율을 조절하는 것이 중요하다. 대부분의 브리더는 물과 버미큘라이트 또는 펄라이트의 비율을 1:2의 무게(부피보다는)로 섞는 것을 선호한다. 더 습한 비율을 선호하는 사육자도 있지만, 알이 빨리 상하게 되므로 바닥재가 너무 젖지 않도록 하는 것이 중요하다. 알은 알상자의 바닥재에서 수분을 흡수하기 때문에 좋은 품질의 물을 사용하는 것이 중요하며, 가능하다면 삼투수가 권장된다. 여의치 않은 경우 수돗물을 사용하지 말고 증류수를 사용한다.

공기의 질은 알의 건강을 유지하는 데 중요한 요소다. 습기와 함께 기체는 알껍데기를 통과하는데, 공기가 정체된 상태로 유지되면 알은 숨을 쉬지 못하고 폐사하게 된다. 일부 브리더는 공기교환을 위해 알상자 측면에 여러 개의 환기 구멍을 뚫어주는데, 이로 인해 알상자 내에서 알의 수분손실이 빠르게 진행될 수 있다. 따라서 필요할 경우 분무를 통해 인큐베이팅하는 동안 물을 보충해 줘야 한다. 그러나 이 방법으로는 습기의 수준과 온도의 변동을 제어하는 것이 매우 어렵다.

보다 쉽고 신뢰할 수 있는 방법은 밀폐된 플라스틱 알상자를 이용하는 것이다. 밀폐된 알상자를 사용할 경우 공기교환이 이뤄지지 않기 때문에 상자에 정기적으로 공기를 공급해 줘야 한다. 하루 또는 이틀에 한 번씩 뚜껑을 열고 신선한 공기가 바닥재로 스며들 수 있도록 여러 번 부채질을 해준다. 이 방법을 채택할 때는 바닥재의 수분이 손실되지 않기 때문에 바닥재를 제대로 혼합했다면 수분을 보충해 줄 필요는 없다. 물론 주기적으로 점검해서 바닥재에 습기가 남아 있는지 확인해야 한다.

대부분의 인큐베이터는 시원한 방에 보관해야 인큐베이터가 원하는 온도까지 가열될 수 있다. 일부 값비싼 인큐베이터를 제외한 대부분의 인큐베이터는 냉각기능이 없기 때문에 원하는 인큐베이팅 온도보다 뜨거워지는 실내에서는 작동하지 않는다. 실내조건이 너무 더우면 에어컨이 필요하다. 파충류알에 잘 작용하는 값싼 가금류 인큐베이터가 다양하게 시판되고 있으며, 인터넷을 검색하면 쉽게 구할 수 있는 다양한 재료로 자신만의 인큐베이터를 만드는 방법을 찾을 수 있다.

알의 수거와 이동

일단 암컷이 알을 낳으면 사육장 안으로 돌려보낸 다음, 알을 찾아서 수거해야 한다. 이때 알이 손상되지 않도록 최대한 부드럽게

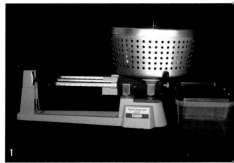

1. 알상자 바닥재에 뿌려줄 수분을 계량한다. 물과 바닥재의 중량을 5:10 혹은 8:10 비율이 되도록 맞춘다(물은 알상자 바닥재의 50~80% 무게로 측정해야 한다. 예를 들면, 50g의 물을 100g의 펄라이트에 뿌리는 식이다). 2. 많은 애호가들은 알상자 바닥재의 중량을 달지 않고 바닥재가 너무 흥건해지지 않을 정도, 다시 말해 한 줌 잡았을 때 물이 손가락 사이로 흘러나오지 않고 촉촉하다는 느낌이 들 때까지 천천히 물의 양을 조절해 가며 적셔주는 방식을 취한다.

다루는 것이 중요하다. 암컷이 산란한 알을 알상자에 넣기 위해 옮길 때는 항상 산란 후 24시간 이내에 알을 꺼내야 하며, 각 알의 상단을 유성펜으로 표시해 어느 쪽이 위로 올라와 있는지 알 수 있도록 한다. 산란상자를 조심스럽게 파서 알들을 노출시키되, 회전되지 않도록 주의하면서 부드럽게 들어 올린다. 초기 발달단계에서 배아의 위치가 바뀌면 폐사할 수 있기 때문에 알을 알상자로 옮기는 동안 알이 원래 놓였던 위치에서 위아래가 바뀌지 않도록 하는 것이 매우 중요하다.

알을 꺼내 약간 물을 적신 버미큘라이트를 반쯤 채운 델리 컵이나 플라스틱 용기에 넣는다(대부분의 사육자들은 물과 버미큘라이트의 비율을 1:1로 사용한다). 알상자에 알을 넣을 때는 바닥재에 반 정도 잠기도록 부드럽게 세팅해야 한다. 이렇게 하면 알의 절반이 바닥재에 잘 접촉해 수분을 흡수할 수 있으며, 절반은 노출돼 공기순환과 가스교환이 가능하다.

또한, 알을 바닥재 중간쯤에 위치시킴으로써 상자를 옮길 때 알이 구르는 것을 방지할 수 있게 된다. 산란상자에서 알상자로 옮긴 다음 인큐베이션 기간 동안 알을 방해하지 않도록 주의한다.

알을 세팅하기 전에 먼저 수정란인지 여부를 확인해야 한다. 암컷은 종종 수정되지 않은 알을 낳기도 하는데, 이러한 알은 사육자들 사이에서 슬러그(slug)라

1. 알은 산란 후 24시간 내에, 물기를 머금은 3.2~5cm 두께 바닥재가 담긴 알상자로 옮긴다. 2. 알상자에 알을 넣기 전에 유성펜을 이용해 라벨을 표시한다. 라벨이 있는 부분이 위로 오도록 절반 정도 파묻으면 되는데, 나중에 알을 돌리면 배아가 죽게 되므로 처음 묻어둔 상태에서 건드리지 않도록 한다.

고 불린다. 슬러그는 수정란에 비해 생김새와 느낌이 매우 다르다. 우선 슬러그는 수정란보다 훨씬 작으며, 통통하지 않고 상대적으로 홀쭉한 모습을 띤다. 또한, 수정란의 껍데기는 단단하고 질감이 가죽 같으며 순백색인 데 반해, 슬러그의 껍데기는 보통 석회화가 잘 안 돼 있어 부드러운 고무줄 느낌이 나며 노란색을 띤다. 이처럼 슬러그는 수정란과 명확하게 구별할 수 있지만, 항상 예외는 있다.

때때로 겉으로는 수정된 것처럼 보이지만 내부적으로 발달이 이뤄지지 않은 경우도 있을 수 있다. 이 알들은 보통 곰팡이가 생기고, 부화를 위해 세팅한 다음 몇 주후에 부패하기 시작한다. 만약 알의 수정 여부가 확실하지 않다면, 일단 인큐베이

팅을 위해 세팅을 하고 경과를 지켜보는 것이 좋다. 가끔 건조된 알이 발견되기도 하는데, 이는 알을 너무 건조한 바닥재에 낳아놓은 결과다. 일반적으로 한 무리의 암컷이 산란상자를 공유하고 있을 때 발생하며, 한 마리의 암컷이 산란할 장소를 파고 있을 때 다른 암컷이 낳은 알이 무심코 파헤쳐지면서 건조되는 것이다.

상당한 수준의 수분손실이 지속된 알은 보통 알껍데기를 통한 수분손실로 인해 한쪽 면이 움푹 꺼진다. 이 상태로 발견됐을 경우 알이 망가졌다고 단정짓지 않도록 한다. 회복불능으로 보이는 알의 경우 습윤한 알상자로 옮기면, 정상적인 수준까지 부풀어 오르지는 않더라도 다시 어느 정도 물을 흡수할 수 있다. 일부 알은 회복되지 않지만, 약 40% 정도 수분을 잃은 알의 경우 즉시 발견된다면 아무 문제없이 부화할 수 있다. 적어도 며칠에 한 번씩은 알을 확

1. 따뜻한 계절에는 인큐베이터에 넣을 필요 없이 실내온도가 따뜻하게 유지되는 곳에 알상자를 두면 된다. 대부분의 브리더는 알상자를 크레를 사육하는 방의 선반에 둔다. 2. 심하게 추운 경우에만 인큐베이터를 사용하도록 한다.

인해야 제대로 인큐베이팅할 수 있다. 알을 확인한 후 바닥재가 건조하면 수분을 보충해 주도록 하며, 이때 바닥재가 지나치게 축축해지지 않도록 주의한다.

번식개체를 자연환경에 가까운 비바리움에서 관리하는 경우, 암컷은 지정된 산란장소가 제공되더라도 자신이 적합하다고 느끼는 곳이면 어디에서나 알을 낳게 될 수도 있다. 따라서 이러한 유형의 세팅은 알의 수거를 어렵게 한다. 조건이 맞으면 알은 비바리움 바닥재 내에서 성공적으로 인큐베이팅되고 부화할 수도 있지만, 사육자가 부화한 것을 빨리 눈치 채지 못하면 부모개체에게 잡아먹힐 수도 있다.

여러 마리의 암컷이 산란상자를 공유하는 경우 한 마리가 자신의 산란장소를 팔 때 다른 암컷이 낳은 알이 발견될 수도 있는데, 일단 알이 노출됐을 경우 즉시 수거하지 않으면 빠른 시간 내에 말라버리게 된다. 따라서 집단 사육장에 있는 산란상자는 한두 마리의 암컷이 있는 사육장보다 자주 확인하는 것이 좋다.

인큐베이팅

알은 다양한 방법으로 인큐베이팅할 수 있다. 알상자를 어두운 벽장이나 찬장에 넣고 상온에서 간단히 인큐베이팅하는 사육자도 있고, 사용자가 정확한 배양온도를 설정할 수 있는 인큐베이터를 선택해 인큐베이팅하는 사육자도 있다. 어느 방법이든 선택할 수 있고 좋은 결과를 얻을 수 있다. 인큐베이터를 사용하고자 하는 경우 상업적으로 생산된 제품을 구입하거나 자작해서 이용할 수도 있다.

파충류 알을 인큐베이팅하는 데 사용하도록 설계된 대부분의 인큐베이터가 충분히 기능하지만, 알을 보관하기 전에 장치를 미리 테스트해 일관된 온도를 유지하도록 세팅하는 것이 바람직하다. 수조를 이용해 자신만의 인큐베이터를 만들 수도 있다. 일단 10갤런(약 38L)짜리 수조에 물을 적절하게 채워준 다음, 아쿠아리움 히터를 물에 넣고 온도조절기를 원하는 온도로 설정한다. 벽돌을 물에 넣고 알상자를 벽돌 위에 놓은 다음, 아쿠아리움 상단을 유리로 덮어 열과 습기를 유지하도록 만든다(만드는 법에 대한 자세한 내용은 '낯선 원시의 아름다움 도마뱀' 번식 장을 참고한다).

약 20일 동안 배양한 후 24시간 이내에 알을 회전시키면 배아에서 떨어져 후속사망을 일으킬 수 있으므로 알을 취급할 때는 항상 회전하지 않도록 주의한다. 수정된 알은 배아가 발달함에 따라 크기가 증가하며, 이는 알의 수정 여부를 판단하는 한 가지 방법이 될 수 있다. 캔들링을 이용해 판단할 수도 있는데, 캔들링은 알에 매우 밝은 빛을 비춰 수정 여부를 확인하는 방법이다. 상당한 크기의 배아가 존재한다면 그림자가 보일 것이고, 때때로 껍데기 안쪽에 혈관들이 나타날 것이다. 인큐베이팅이 거의 끝날 때까지 그림자가 보이지 않는 경우가 있는데, 이 시점에 발달 중인 새끼가 어떤 빛도 차단할 수 있을 만큼 밀도가 높기 때문이다.

인큐베이터는 기온이 지나치게 낮은 경우에
만 사용하는 것이 좋다. 크레스티드 게코의
경우 호바 베이터(Hova-Bator)와 같이 온도계
로 보정되는 저렴한 제품을 많이 선택하는
편이다. 호바 베이터는 냉각기능은 없고 가
온만 가능하기 때문에 설정온도보다 조금
더 낮은 곳에 설치하는 것이 바람직하다.
크레스티알은 20℃에서 29℃ 사이를 유지하
면 성공적으로 부화하며, 24.5℃에서 25.5℃
를 유지하는 것이 가장 좋다. 밤에 17℃에서
20℃ 사이로 떨어져도 생존하지만, 혹서기에
31℃ 이상의 온도에 노출되면 치명적일 수
있다. 부화시간은 온도에 따라 달라지는데,
25.5~29℃로 설정하면 60일, 20~23℃(요즘 가
장 선호됨)로 설정하면 120일 이상 소요된다.

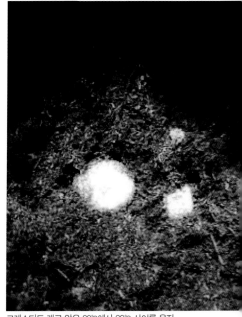

크레스티드 게코 알은 20℃에서 29℃ 사이를 유지
하면 성공적으로 부화하며, 24.5℃에서 25.5℃를
유지하는 것이 가장 좋다.

알의 관리

알상자에 보관된 알은 적어도 이틀에 한 번씩 확인해서 문제가 발생하지는 않았는
지 점검해야 한다. 흔하게 발생하는 문제는 곰팡이, 탈수, 폐사다. 수정되지 않은
알은 1~2주 안에 변색되는데, 이를 조기에 발견하지 못하면 그 시점부터 계속 악화
된다. 때로는 알 내의 발달이 중단될 수도 있는데, 이 경우 배아는 죽고 알의 상태
역시 악화된다. 색이 변하기 시작하고 곰팡이가 생기거나 건강하지 못한 모습을
보이는 알의 경우 확실히 죽었다고 확신이 들 때까지는 버리지 않도록 한다. 가끔
곰팡이의 성장은 분말 무좀약을 국소적으로 바르면 쉽게 조절할 수 있다.
알껍데기에 곰팡이가 생겨도 초기에 통제되면 알 내부에는 영향을 미치지 않는다.
때로는 알이 짙은 황갈색으로 변해 썩는 것처럼 보일 수도 있지만, 물기가 스며나

오는 것이 아니라면 알의 내부는 여전히 건강한 상태이기 때문에 문제없이 부화할 수도 있다. 알에서 물기 또는 변색된 액체가 새어 나오거나 냄새가 나거나 너무 곰팡이가 슬고 오그라들어 계속 생존할 가망이 없다고 판단될 경우에만 알을 버리는 것이 좋겠다. 온도변화는 발달문제로 이어질 수 있으므로 조심해야 한다.

인큐베이션 장치의 유형에 따라 알상자의 수분수준을 모니터해야 할 수도 있으며, 알상자에 환기구가 있는 경우 특히 그렇다. 수분이 부족한 경우 분무기를 이용해 물을 보충해 줘야 한다. 구멍이 없는 밀폐된 상자에서는 수분손실이 최소화되며, 인큐베이션 기간 동안 추가적으로 물을 보충해 줄 필요는 없다. 밀폐된 알상자를 이용할 경우 습도수준의 변동으로 인한 문제발생 가능성이 감소하기 때문에 권장되는 방법이다. 알상자 내의 습도수준은 70~80% 정도로 유지돼야 한다.

알상자 내의 공기정체 상태를 막기 위해서는 에어레이션(aeration; 공기를 유입시키는 행위)이 매우 중요하다. 밀폐된 알상자를 사용할 경우 공기순환을 위해 매일 뚜껑을 열고 환기를 시켜줄 필요가 있다. 이때 알의 상태도 검사할 수 있는 기회를 갖게 된다. 구멍이 뚫린 상자를 사용하면 공기가 좀 통하게 되겠지만, 여전히 며칠에 한 번씩 뚜껑을 열어 공기순환이 철저하게 이뤄지도록 신경 써야 한다.

부화

크레스티드 게코 알은 보통 26°C 정도에서 인큐베이팅할 때 평균 56~60일 사이에 부화한다. 부화일은 이보다 낮은 온도조건에서 인큐베이팅될 때 더 오래 소요되고, 높은 온도조건에서는 더 짧아진다. 부화일을 앞당기기 위해 더 높은 온도로 배양하는 것은 심각한 발달문제를 초래할 수 있으므로 피하는 것이 바람직하다.

어떤 경우에는 한 클러치 내의 알이 휴면기에 들어갈 수도 있는데, 초기단계에서 일시적으로 발달이 중단되는 현상이 나타나는 것이다. 이는 일정 기간 동안 새끼의 부화에 시차를 두기 위한 적응과정일 수 있으며, 아마도 주어진 새끼가 모두 불리한 환경조건에 노출될 위험을 줄이기 위해 진화한 결과로 추정된다. 한 클러치에 속한 두 개의 알은 몇 시간 간격으로 부화하며, 한 개의 알이 부화되고 2주 정도 뒤에 나머지 알이 부화되는 경우도 있다.

일단 부화가 언제 진행될지 예측하고 나면, 해츨링에게 제공할 적절한 먹이(귀뚜라미 포함)와 함께 별도의 사육장을 미리 준비해 두는 것이 바람직하다. 인큐베이팅이 진행되면서 칼슘이 외부 석회화층에서 흡수되고 발달 중인 해츨링에 융합됨에 따라 껍데기가 더 얇아지고 부화가 될 것이다.

부화가 가까워져 오면 알껍데기에 구멍이 보이는데, 이 구멍은 해츨링이 난치(卵齒, egg tooth: 알을 부수는 데 사용되는 돌기)로 잘라낸 흔적이다. 새끼는 윗입술에 작고 뾰족한 두 개의 난치를 가지고 있다. 이 난치를 이용해 단단한 알껍데기를 자르며, 첫 번째 탈피 후 없어진다. 알껍데기를 뜯어내는 과정을 '피

부화일은 인큐베이팅하는 온도의 조건에 따라 달라진다. Florence Ivy/CC BY-ND

온도의존성 성결정(temperature-dependent sex determination, TSD)

다수의 게코 종을 포함한 많은 종의 파충류는 성결정을 온도에 의존하는 특징을 가지고 있으며, 이는 유전학이 아닌 배양온도가 자손의 성을 결정한다는 것을 의미한다. 지금까지 연구된 많은 게코에서, 배아의 성결정은 포유류나 조류의 경우처럼 염색체에 의존하지 않고 발달과정 중 임계점(critical point; 물질의 구조와 성질이 다른 상태로 바뀔 때의 온도와 압력. 평형상태의 두 물질이 하나의 상相을 이룰 때나 두 액체가 완전히 일체화할 때의 온도와 압력을 이른다)에서의 배양온도에 의해 이뤄지는 것으로 나타났다. 주어진 온도에서 특정한 유전자가 발현되거나 발현되지 않고, 이러한 유전자에 의해 촉발된 단백질과 효소가 결국 배아를 수컷 또는 암컷으로 결정짓는 것으로 보인다.

이것이 자연에서 어떤 이점이 있는지는 아직 알려져 있지 않지만, 사육하에서는 배양온도를 변경함으로써 수컷의 비율을 암컷에 맞게 왜곡할 수 있기 때문에 유리할 수 있다. 이러한 종에서 따뜻하게 인큐베이팅된 알은 더 많은 수의 수컷을 생산하고, 더 시원하게 인큐베이팅하면 더 많은 암컷을 생산할 것이다. 정확한 온도는 종에 따라 다르며, 어떤 종들은 약간 다른 패턴을 보인다. 대부분의 브리더들은 대략 반은 수컷이고 반은 암컷을 생산하는 온도에서 인큐베이팅하려고 한다.

많은 게코 종에 있어서 성별은 배양기간 중 첫 2~3주 동안의 배양온도에 의해 결정된다. 온도를 24.5~25.5℃로 설정하면 암수 비율은 50:50에 가까워진다. 첫 3주의 배양온도를 20~22℃로 낮추면 암컷의 비율이 높아지며, 26.5~29.5℃로 높이면 수컷의 비율이 올라간다. 3주가 지나면 다시 24.5~25.5℃를 유지한다. 크레스티드 게코에 있어서 TSD는 아직 정확히 밝히지 못한 부분이 있으며 더 많은 연구가 필요하다. TSD에 대해 더 자세히 알아보고 싶다면, 〈사막의 작은 표범 레오파드 게코〉에서 브라이언 베트(Brian Viets) 박사가 쓴 관련 부분을 참고하도록 한다.

핑(pipping)'이라고 하며, 피핑이 끝나고 해츨링이 알에서 나오기까지는 오랜 시간이 소요된다. 종종 구멍에서 머리 또는 코끝만 튀어나오고 몇 시간 동안 그대로 앉아 있거나, 때로는 몸부림치는 것처럼 보일 수도 있다. 이러한 모습을 보면 사육자는 들뜨게 되는데, 지속적인 방해가 진행과정을 지연시킬 수 있으므로 알에서 벗어나게 도와준다거나 해츨링을 방해하는 행위는 삼간다. 일부 새끼의 경우 껍데기에서 벗어나는 데 어려움을 겪을 수도 있으며, 이때도 역시 조심해야 한다.

알껍데기에 구멍을 내고 작은 틈새가 만들어지면, 새끼는 쉬는 시간을 갖는다. 이후 껍데기 밖으로 기어오를 수 있게 되는데, 갓 태어난 해츨링은 흡사 성체를 축소해 놓은 듯한 모습을 띤다. 보통 붉은 갈색(연한 마호가니 색)이 나타나지만, 나이가 들수록 점차 성체의 색으로 변하게 될 것이다. 알 속의 새끼는 아직 흡수되지 않은 커다란 난황낭을 가지고 있으며, 껍데기 안쪽에 줄지어 있는 혈관은 여전히 기능을 유지하고 있다. 난황낭은 새끼와 제대(umbilical cord; 배아와 난황-인간의 경우 태아와 태반을 연결해 알과 배아-모체와 태아사이의 물질교환이 일어나는 통로로 가늘고 긴 띠 모양으로 돼 있다)로 연결돼 있고, 알을 떠나기 전에 남은 난황을 몸속으로 흡수하는 것이 중요하다.

알에서 해츨링을 빼내려는 시도는 하지 않도록 한다. 출혈이나 상처의 발생뿐만 아니라 구조를 손상시킬 위험도 있으므로 함부로 거들어서는 안 된다. 만약 새끼를 조급하게 알에서 빼낸다면, 그 과정이 차질을 빚게 돼 폐사로 이어질 수도 있다. 새끼들 중 난황이 아직 붙어 있는 채로 알에서 나온 경우가 있다면, 새끼가 난황을 흡수할 때까지 알상자에 그대로 남겨둔다. 난황은 보통 24시간 이내에 흡수된다.

해츨링의 올바른 관리

크레스티드 게코 새끼는 부화 시 몸무게가 1.5~2g 정도 되며, 16g 정도에서 성체가 되기까지의 기간을 주버나일 개체로 간주한다. 일단 새끼들이 알에서 부화하기 시작하면, 알상자에서 새끼들을 꺼내 작은 사육장이나 보육실로 옮길 수 있다. 새끼를 옮길 때는 꼬리가 쉽게 끊어지므로 절대 꼬리를 잡아들거나 꼬리를 통제하지 않도록 한다. 크레스티드 게코 해츨링은 작고 매우 연약하다는 점을 명심하자. 해츨링을 다루는 가장 안전한 방법은 손으로 부드럽게 감아서 즉시 사육장으로 옮기는 것이다. 절대 꼭 필요한 상황이 아닌 한 해츨링을 핸들링하지 않도록 한다. 일단 안전하게 사육장에 들어가면 부화날짜를 기록한다.

■**적절한 사육장 제공** : 해츨링은 비바리움으로 옮겨지기 전에 처음 며칠 동안 인큐베이터 또는 알상자에서 보낼 수 있다. 해츨링은 크기가 매우 작기 때문에 너무 크지 않은 사육장에서 관리해야 하며, 작은 플라스틱 보관용기 등이 보육실로 사용하기에 적절하다. 소동물용으로 제조된 작은 플라스틱 사육장은 한두 마리의 해츨링을 수용하기에 적합하다. 뚜껑이 달린 작은 플라스틱 수납용기나 공기 구멍이 있는 크고 투명한 플라스틱 페트 병도 적절하게 사용할 수 있다. 철망 뚜껑이 있는 38L짜리 수조는 몇 달 동안 해츨링 10마리까지 쉽게 관리할 수 있다.

해츨링은 비바리움으로 옮기기 전에 처음 며칠 동안 인큐베이터나 알상자에서 보낼 수 있다. Steve Lagou/CC BY

각각의 해츨링이 서로에게서 벗어날 수 있는 충분한 공간을 제공하는 것이 좋은데, 그렇다고 해서 너무 넓은 사육장을 제공하는 것은 피해야 한다. 해츨링의 경우 사육장이 너무 크면 작은 귀뚜라미나 전용먹이를 찾는 데 어려움을 겪게 된다.

해츨링을 위한 사육장은 최대한 단순하게 세팅하는 것이 좋다. 해츨링 사육장의 바닥재로는 신문지나 종이타월이 가장 유용하며, 등반을 위한 작은 횃대 몇 개와 구겨진 종잇조각 또는 식물을 배치해 새끼들에게 특정 형태의 덮개를 제공하도록 한다. 식물을 무성하게 심은 비바리움에서는 해츨링이 길을 잃어 상태를 모니터하기 어렵기 때문에 주의해야 한다. 작고 얕은 물그릇은 항상 제공돼야 한다.

해츨링은 분무 후 사육장 벽면에 맺힌 물방울을 핥는 것을 더 좋아하는 것처럼 보이지만, 물그릇도 역시 사용할 것이다. 수위가 높은 물그릇에 쉽게 익사할 수 있으므로 그릇 밑바닥에 얇게 물막이 생길 정도로만 물을 채워주는 것이 바람직하다.

또한, 해츨링은 크기가 매우 작아 좁은 틈새를 쉽게 비집고 나올 수 있기 때문에 탈출을 방지하기 위해 사육장 뚜껑이 꼭 맞는지도 확인해야 한다.

■적절한 온·습도 유지 : 크레스티드 게코 관리에 있어서 특히 중요한 것은 은신처다. 크레는 야생에서 많은 포식자를 만나기 때문에 해츨링과 어린 개체는 본능적으로 은신처를 받아들이는데, 이는 또한 그들이 생존하는 데 도움을 주는 적절한 미세기후로 이끈다. 특히 여러 마리의 새끼들이 같은 비바리움에서 관리될 때 그렇다.

원활한 환기와 함께 습도는 성체에 있어서보다 해츨링에게 매우 중요하다. 해츨링은 부화 직후에 탈피를 할 것이고, 성체보다 훨씬 더 자주 탈피가 이뤄지기 때문에 건조한 환경에 노출되면 심각한 탈피문제가 발생한다. 사육장 벽에 매일 두 번, 매우 건조한 환경에서는 더 자주 분무를 해줘야 한다. 주변 상대습도는 약 75%를 유지해야 하며, 곰팡이발생을 방지하기 위해서는 환기가 필수적이다. 하루에 여러번 분무를 해주고 온도는 24.5℃로 유지하도록 한다.

■적절한 먹이 제공 : 새로 부화한 크레스티드 게코는 아직 내부적으로 난황낭을 가지고 있어 처음 며칠 동안은 이 난황낭으로부터 영양분을 공급받을 수 있으며, 보통 부화한 후 첫 번째 탈피가(3일 전후) 이뤄지기 전까지는 먹이를 섭취하지 않을 것이다. 새끼들이 정기적으로 먹이를 먹기 시작할 때까지 보육실에 두도록 하는데, 먹이를 먹기 시작하면 작은 그룹으로 나눠 별도의 사육장으로 옮길 수 있다.

해츨링은 성체에 비해 더 자주 그리고 더 적은 양을 급여해야 하지만, 먹이의 종류와 보충제는 성체의 경우와 동일하다. 비타민보충제가 혼합된 과일 퓌레나 베이비푸드 혹은 전용먹이는 작은 접시나 종이접시에 소량씩 담아 매일 제공해 줘야 한다. 오랜 시간 방치하면 빠르게 곰팡이가 발생하므로 하룻밤 사이에 소비되는 양만큼만 제공하고, 다음 날 먹고 남아 있는 먹이는 제거해 주도록 한다. 크레스티드 게코 해츨링은 많은 양의 유동식 먹이를 제공할 경우 그 속에 갇힐 수 있고, 유동식 먹이가 발가락에 묻는다면 등반능력이 제한된다는 점을 기억하도록 하자.

비타민보충제를 뿌린 작은 귀뚜라미는 이틀에 한 번씩 제공돼야 한다. 적절한 크기의 귀뚜라미를 꾸준히 공급해야 하며, 해츨링이 몇 시간 안에 먹을 수 있는 수만큼만 급여하는 것이 좋다. 해츨링은 약 6mm 귀뚜라미를 쉽게 먹을 수 있다.

사육장 안에 너무 많은 귀뚜라미가 있으면 해츨링에게 스트레스를 줄 수 있다. 어느 정도 지나면, 과다공급해서 급여한 다음 날 남는 일이 없도록 방지하기 위해 먹이로 제공하는 귀뚜라미의 마릿수와 과일의 양에 대한 감각을 기를 수 있다.

새로 부화한 크레스티드 게코는 먹는 것이 원활해질 때까지 작은 비바리움(작은 아크릴 애완용 캐리어가 이상적)에 분리(또는 한 클러치의 형제와 함께)시키는 것이 좋다. 6mm 크기의 작은 귀뚜라미 등 살아 있는 먹이를 제공한다면 섭취 여부를 확인하기 쉬울 것이다. 해츨링은 엄지손톱 크기만큼의 퓌레도 먹기 힘들지만, 일단 배설물이 확인되면 잘 먹고 있다는 것이므로 정상적인 사육장으로 옮길 수 있다.

■ **크기별 개체 분리** : 같은 월령의 해츨링은 무리를 이뤄 관리할 수 있지만, 서로에게서 몸을 숨길 수 있는 충분한 공간이 제공돼야 한다. 가장 중요한 것은 같은 사육장

같은 사육장에는 항상 비슷한 크기의 해츨링끼리 분리해서 수용해야 한다는 점을 기억하도록 하자. Florence Ivy/CC BY-ND

에는 항상 비슷한 크기의 개체들끼리 수용해야 한다는 점이다. 같은 월령의 해츨링이라해도 서로 다른 비율로 성장하는 경우가 많으며, 보통 한 달 정도 자란 후에는 크기 차이가 눈에 띄게 나타난다. 더 빨리 자라는 개체는 더 작고 천천히 자라는 동료에 비해 더 많은 먹이를 얻기 위해 경쟁할 것이다.

이러한 현상이 나타나면, 작은 개체는 별도의 사육장에 격리해야 한다. 만약 성장기 동안 이 과정이 유지되지 않는다면, 작은 개체들은 스트레스를 받고 체중이 감소될 것이다. 부화할 때부터 성숙해질 때까지 같은 사육장 안에 그룹을 함께 유지한다는 것은 어렵다. 작은 개체들을 위한 여분의 사육장을 준비해 서로 다른 성장률에 대비하도록 하자.

Chapter 07

크레스티드 게코의
다양한 모프

크레스티드 게코의 모프를 분류하는 기준에
대해 살펴보고, 현재 개량된 아름다운 모프의
종류와 특징에 대해 알아본다.

01
section

모프의 정의와
유전학

크레스티드 게코는 색상과 패턴이 굉장히 다양하게 나타나는 다색종(多色種, polych-romatic species)이다. 크레스티드 게코가 파충류 애호가들로부터 많은 사랑을 받는 이유는 여러 가지가 있지만, 이처럼 다채로운 색상과 패턴을 가지고 있다는 점이 큰 매력으로 작용한다. 이번 섹션에서는 모프의 정의, 모프와 혈통의 차이, 선택적 번식과 유전학, 새로운 모프의 특징 등에 대해 간략하게 알아보도록 한다.

크레스티드 게코가 여러 가지 색을 가지게 된 이유는, 단순히 낮 시간에 나뭇잎 사이에서 휴식을 취할 동안 포식자의 눈에 띄지 않도록 하기 위함이다. 밤에는 밝은 흰색 마킹이 동료끼리 서로를 알아볼 수 있게 하는 시각적 표시가 되며, 레드와 오렌지 채색은 밤에 가장 밝아진다. 이러한 특징이 자연상태에서 크레스티드 게코의 생존율을 실제로 높이는지에 대해 알기 위해서는 더 많은 연구가 필요하다.

현존하는 크레스티드 게코의 모프(morph)는 대부분 스트라이프(Stripe), 달마티안(Dalmatian), 할리퀸(Harlequin) 등의 독립적인 형질이 시간이 지남에 따라 그리고 여

러 세대에 걸쳐 지속적으로 개량돼 온 것이다. 스트라이프, 달마티안, 할리퀸의 세 가지 형질은 경험 많은 브리더들이 사육하에서 야생개체군에 존재하는 특징들을 취해 모프를 고정하는 데 사용됐다.

모프의 정의

'모프(morph)'는 '다형성(polymorphism)'이라는 용어에서 파생된 단어로, 무한한 수의 색상과 패턴의 변형 및 조합을 의미한다. 개체의 외양에 영향을 미치는 선택적 번식에 의해 생산된 '패턴과 색상의 특정 조합'을 모프라 하며, 일반적인 설명으로는 한 종에서 개체군의 유기체 간에 나타나는 뚜렷한 시각적·물리적 차이를 일컫는다. 선택적 번식은 현재 볼 수 있는 다양한 모프의 생산에 크게 기여했다.

크레스티드 게코 모프를 설명하는 데 사용되는 기준은 색상, 패턴, 구조 등의 형질 (trait)[1]이며, 이러한 형질은 유전되고 복제될 수 있는 표현형(表現型; 겉으로 드러나는 여러 가지 특징) 특성이다. 달마티안 스포트(Dalmatian-spot), 화이트 프린지(White-fringed) 및 핀스트라이프(Pinstriped)도 모두 형질에 속한다. 일부 형질은 다른 여러 가지 모프에서 중첩돼 나타난다(달마티안 스포트와 핀스트라이프는 독립적인 형질이며, 다양한 모프와 다른 구조적 형질에 중첩돼 나타난다). 크레 애호가들은 이 표현형을 유전법칙을 통해 이해하려는 시도의 일환으로 색과 패턴의 유형을 몇 가지 범주로 분류해 왔다.

표현형의 범위를 구분하는 것은 서술적 관점에서 유용하지만, 실제로는 고정하기가 매우 어려울 수 있다. 여기에는 크게 두 가지 이유가 있다. 첫째, 학자에 따라 크레스티드 게코에서 보이는 다양한 외관을 분류하기 위해 여러 가지 방법을 채택할 수 있으며, 이는 그 학자의 분류방식에 의해 단순성이나 복잡성에 차이가 있을 수 있기 때문이다. 즉 어떤 학자는 세부사항까지 상세하게 구별하는 반면, 어떤 이들은 보다 일반적인 범주를 제안하고 그 범주 안에 등급이 있다는 것을 인정한다. 둘째, 크레스티드 게코의 색상은 주야에 따라 그들의 기분에 따라 다르게 나타나기

---

1   모양, 크기, 성질 등 생물체를 서로 구분할 수 있는 고유한 특징을 말하며 유전자형이 아닌 표현형의 속성이다.

크레스티드 게코는 선천적으로 다양한 색과 패턴을 나타낸다.

때문이다. 가장 좋은 색깔은 '파이어 업(fire up; 크레스티드 게코가 가장 활기차고 강렬한 색채를 띠는 것을 묘사하기 위해 만들어진 용어)' 상태에서 드러난다. 파이어 업 상태는 보통 크레가 먹이를 찾거나 짝짓기를 하는 밤 시간에 나타나며, 일반적으로 색상이 더욱 강렬해지고 패턴 또한 더 두드러지는 것을 볼 수 있다. 따라서 이 단계에서 어떤 형태를 띠는지 확인해 그 유형을 정의해야 한다는 주장이 제기된다.

모프와 혈통의 차이

모프가 개체의 겉으로 드러나는 신체적 특성에 대한 일반적인 설명이라면, '혈통(line)'이라는 용어는 선택적 번식을 통해 특정 브리더가 생산한 자손을 가리킨다. 이는 브리더가 특정 색상, 패턴 또는 기타 특성에 있어서 잘 알려진 경우에도 여전히 중요한 정보가 될 수 있다. 그러나 혈통을 모프와 상호교환해 사용할 때 혼란스러워진다. 유사하게 보이지만 특정 브리더의 자손과 관련이 없는 개체를 생산하는 경우 윤리적인 이유 때문에 그 혈통의 이름을 사용해서는 안 된다.[2] 혈통은 때때로 디자이너 모프(designer morph)라고도 하지만, 다른 브리더가 '크림온크림(cream on cream)', '시트러스(citrus)', '네온(neon)' 등과 같이 비슷한 개체를 번식시켰을 때 까다로워진다. 따라서 많은 크레스티드 게코 브리더는 초보사육자들을 혼란스럽게 하는 것을 피하기 위해 이런 방식으로 혈통의 이름을 지정하지 않는다.

크레스티드 게코 유전학

레오파드 게코(Leopard gecko, *Eublepharis macularius*)나 볼 파이손(Ball python, *Python regius*)과 같은 다른 인기 있는 파충류와는 달리, 크레스티드 게코의 유전학은 아직 명확하게 이해되거나 문서화되지 않았다. 이들 모프의 대부분은 여러 표현형을 갖는 다중 대립유전자(allele; 한 쌍의 상동염색체에서 같은 위치에 존재하면서 서로 다른 특성형질을 나타내는 유전자)에 의해 작용하는데, 이는 표현될 수 있는 많은 특성이 있기 때문에 종에게 유리하며, 세대를 통해 더 많은 적응과 생존의 기회를 갖게 된다.

온도, 물 및 먹이와 같은 환경적 요인도 유전자 발현 방식에 영향을 줄 수 있다. 베타카로틴(β-carotene, 카로티노이드)을 함유한 먹이를 섭취하면 빨강~주황색 스펙트럼의 색 표현에 영향을 줄 수 있다. 다원발생(polygenetics; 하나의 원천이나 조상이 아니라 여러 원천이나 조상에서 후손이 유래되는 일)은 또한 다른 속에서보다 크레스티드 게코에서 더 큰 기능을 하는데, 이는 크레스티드 게코에서 관찰된 특성의 지속적인 변화를 초래할 수 있다. 개별 유전적 특성은 여러 유전자 그룹 또는 '다원유전자(polygene; 다수가 상호 보완해 같은 형질의 발현에 관계하는 유전자)'에 의해 제어될 가능성이 크다.

각각의 대립유전자는 관찰 가능한 특징 또는 특성인 표현형을 강화시키거나 감소시킨다. 예를 들면, 핀스트라이핑의 진행 및 다양성, 등의 융기부에서 나타나는 비늘 증가 및 측면 라인 형성, 포트홀(잠재적으로 관련)이 신체에 떨어지는 특정 영역, 기

---

2 예를 들어, 게코 전문 브리더인 에이시 렙타일(AC Reptiles)은 '마블(marble; 타이거, 플레임, 달마티안 콤보)', '해리(harry; 모피 스케일 형질)' 및 'C2(크림 플레임이 있는 크림 기본 색상)'와 같은 매우 잘 알려진 혈통을 가지고 있다. 다른 브리더들은 암수 쌍을 모두 이 스톡에서 데리고 온 경우에만 혈통을 생산할 수 있다. 이 혈통의 부모 중 한 쪽으로부터 자손을 생산하는 경우에는 'XYZ 계통으로부터'와 같이 언급해야 한다.

온도, 물 및 먹이와 같은 환경적 요인도 유전자 발현 방식에 영향을 줄 수 있다. Florence Ivy/CC BY-ND

본색상 일치(팬텀) 및 레벨을 포함한 특정 색상 변형, 달마티안의 표현의 변화 등이다. 피부층에서 나타나는 색상의 표현은 색상 또는 구조에 따라 단일현상처럼 보일 수 있다. 일부 경우(아마도 많은 경우) 실제로는 여러 개의 대립유전자에 의해 제어되는 다중적 표현일 수 있으며, 이는 겹쳐져서 단일한 시각적 모양을 만든다.

크레스티드 게코는 '다원유전자'를 지니고 있으며, 특정 모프에 대해 이형접합체(heterozygote; 특정유전자에 대해 질, 양 또는 배열순서 등이 다른 배우자의 접합으로 생긴 개체. 헤테로라고 부른다)로 간주되지 않기 때문에 예측이 어렵다. 간단히 말해서, 사육 중에 무작위로 튀어나오는 멋진 개체를 얻을 수 있지만, 그다음에는 여러 세대를 거쳐 선택적으로 번식시켜야 한다. 모프나 형질을 발달시키기를 원한다면 핀스트라이프와 핀스트라이프, 달마티안과 달마티안을 교배하는 것이 가장 좋은 방법이다.

만약 여러분이 정말 독특한 개체를 가지고 있어서 특이한 개체를 얻기 위한 짝짓기를 한다 해도 원하는 것을 얻지 못할 수도 있다는 것을 알아야 한다. 형질을 다듬는 데는 몇 세대가 걸릴 수 있고, 그 사이에 수많은 크레가 태어날 것이다.

파충류 애호가들은 자신이 기르는 개체와 관련해 늘 최신의 멋진 모프에 관심이 많다. Zaahir Moolla/CC BY

선택적 번식과 유전학

크레스티드 게코에 대한 관심은 이용 가능한 다양한 색상 모프들을 중심으로 이뤄지며, 이 때문에 모프를 안정시키고, 번식시키고, 개선하기 위한 선택적 번식에 시선이 집중된다. 반복적인 근친교배는 생식능력저하 문제 및 근본적인 심장질환(일부 종류의 개에서 보듯이)과 같은 나쁜 특징에 대한 선택이 이뤄질 수 있는데, 이 근친교배 부작용의 위험은 사육하의 크레의 작은 유전자풀로 인해 악화될 수 있다.

긍정적인 측면은 많은 섬 토착종들이 근친교배의 부작용에 비교적 저항력이 강한 것으로 보인다는 점이다. 위험을 최소화하기 위해 항상 2~3세대마다 새로운 품종을 교배하거나 가끔 교환할 수 있는 두 개의 혈통을 나란히 운영할 수 있다. 아직 크레의 색상, 패턴 또는 구조를 지배하는 명확하게 정의된 유전자는 없다. '매력적'으로 식별되는 모든 형질이 다중의 유전자의 지배하에 있는 것처럼 보일 것이다. 유사개체 간 교배는 여러분이 선택한 특징을 재현하거나 강화할 기회를 증가시키지만, 크레스티드 게코에 있어서는 종종 그들의 부모나 형제와는 다른 새끼를 만들어 낸다. 한 가지 가능한 예외는 달마티안 스포트(dalmatian spot)인데, 달마티안 스포트는 적어도 부분적으로는 지배적인 형질로 보이며, 이는 만약 부모 중 한쪽이나 양쪽 모두 이 스포트를 가지고 있다면 그들의 새끼도 지니고 있을 가능성이 매우 크다는 의미다. 또 다른 것은 뒷다리를 따라 이어지는 흰색 테두리다. 이처럼 혼란스러운 상황은 알비니즘(albinism)과 같은 비교적 흔한 유전적 질병이 나타나면 바뀔지도 모른다. 전형적으로 이것들은 단순한 열성이며, 크레스티드 게코 게 놈(genome; 한 생물이 가지는 모든 유전 정보)에 실질적인 관문을 제공할 수 있다.

새로운 모프

파충류 애호가들은 자신이 기르는 개체와 관련해 늘 최신의 멋진 모프에 관심이 많다. 새롭게 탄생한 많은 개체들의 외양이 실제 모프인지 혈통인지를 놓고 의견이 엇갈리고 있는데, 크레스티드 게코에서는 모프라는 용어가 비교적 느슨하게 적용되고 있기 때문에 다음과 같은 특성을 가진 경우도 모프라고 말할 수 있다.

몸통에 화이트나 크림의 양(화이트 패터닝, white patterning)을 늘리기 위한 크레스티드 게코의 선택적 번식은 할리퀸 모프가 만들어진 이후 브리더들의 주요 목표 중 하나가 됐다. 가장 고도로 패턴화된 개체들을 함께 번식시킴으로써 익스트림 할리퀸(Extream harlequin)은 훨씬 더 흔해졌고 동시에 점점 더 새로운 것이 요구되고 있다. 크레스티드 게코 전문 스톡인 에이시 렙타일(AC Reptile)의 '화이트 아웃(Whiteout)'과 판게아(Pangea, Matt Parks)의 '화이트 월(White-walled)'을 예로 들 수 있다.

판게아의 화이트 월은 점점 더 일반화됐고, 그의 혈통 밖의 크레스티드 게코들이 양측면에 커다란 하얀색 밴드를 보인다면 '화이트 월'이라고 불린다. 측면 줄무늬가 있을 수 있으며, 종종 화이트 월의 위쪽 범위를 정의한다. 복부의 컬러는 이 패턴에 영향을 받지 않을 수도 있다. 화이트 월 패턴을 보여주려면 할리퀸이어야 하지만, 몸에 흰색이 축적되고 사지에는 없는 플레임(Flame)은 가능할 수 있다. 유전적으로 흰색 패턴을 만드는 많은 방법들이 있다.

02
section

색상, 패턴에 따른
모프의 분류

이번 섹션에서 다루는 색상과 패턴은 현재 시중에서 구할 수 있는 크레스티드 게코의 모프를 설명하는 데 사용되는 독특한 특성들이다. 야생에서는 패턴이 없는 타이거(Tiger) 또는 바이컬러(Bicolor)를 주로 볼 수 있었지만, 사육하에서 본격적으로 번식이 이뤄지면서 현재 접할 수 있는 다양한 모프들이 생산되기에 이르렀다. 오늘날 우리가 접하는 수많은 모프의 대부분을 아우르는 핵심 모프 그룹이 있는데, 이는 해당 모프의 개량에 관여한 전문브리더들에 의해 확립된 것들이다.

핵심 모프 그룹에는 패턴리스(Patternless), 바이컬러(Bicolor), 타이거(Tiger)/브린들(Brindle), 플레임(Flame)/파이어(Fire), 할리퀸(Harlequin)/익스트림 할리퀸(Extreme harlequin)의 5가지 기본 모프가 포함된다. 엄밀히 따지면 패턴리스, 바이컬러, 플레임, 타이거의 네 가지 패턴으로 구성된다고 볼 수 있다. 할리퀸은 실제로 무늬가 매우 높은 플레임 모프이며, 몸통과 다리에 색 대조가 일어나는 반면 얼룩은 더 작고 덜 뚜렷한 줄무늬의 바코드가 있는 타이거 모프로 볼 수 있다.

파이어 업(fire up)

크레스티드 게코의 색상을 구별할 때는 분위기나 환경에 따라 색이 바뀔 수 있다는 점에 주목해야 한다. 크레의 색상은 '파이어 업(fire up)' 상태에서 설명되며, 일반적으로 환경에 대한 경계 또는 반응을 나타낸다. 보통 수면 중인 크레스티드 게코는 '파이어 다운(fire down)'이 되고, 밤에는 어두운 색으로 변한다. 크레가 절대로 파이어 업되지 않거나 항상 파이어 업된다고 해도 걱정할 필요는 전혀 없다. 두 경우 모두 반드시 무언가가 잘못됐다는 것을 나타내는 것은 아니며, 개체로서 지닌 그들의 독특한 본성의 일부일 뿐이다. 환경, 온도 및 습도, 호르몬 상태, 공격성 및 공포 등 색상 표현에 영향을 미치는 많은 요소가 동일한 개체 내에서 서로 다른 색조를 만들어 낼 수 있다.

이처럼 파이어 업에는 많은 요인들이 작용하기 때문에 반드시 크레가 화가 났거나 스트레스를 받았다거나 불편하다는 것을 의미하지는 않는다. 파이어 업은 위장하는 것을 돕거나, 다른 개체와 의사소통을 하거나, 행동상태를 나타내거나, 단순히 습도, 냄새, 빛과 같은 특정한 자극에 대한 반응일 수 있다. 레드, 오렌지, 옐로우의 돌기 또는 짙은 색 바탕을 지닌 크레의 짙은 블랙/브라운 색상은 밝기가 더 강렬하다. 파이어 다운 상태의 색상은 일반적으로 옅은 색이다. 예를 들어, 레드는 화이트에 가까운 매우 밝은 그레이다. 짙은 색 바탕의 크레는 보통 브라운, 탠, 그레이 사이의 범위를 이룬다. 이들은 각각 문글로우(Moonglow) 또는 라벤더(lavender)로 분류되기도 하며, 파이어 다운 상태와 파이어 업 상태일 때의 진짜 색상으로 인해 논쟁의 여지가 있는 것으로 간주된다.

크레의 진짜 파이어 업 컬러를 촬영하는 일반적인 방법은 델리 컵에 넣고 가볍게 분무를 한 다음, 어두운 곳에 15분 정도 놓아두는 것이다. 흥미롭게도, 특수전구나 직사광선(유리를 통해 여과되지 않은)으로부터 UVB에 노출되면 그 역시 크레를 파이어 업 상태로 만들어 색상이 더욱 강렬해질 수 있다.

크레스티드 게코의 기본색상

크레스티드 게코의 기본색상은 개체의 전체적인 색상을 말하며, 모프 설명에 색상을 포함할 때 사용되는 영역이다. 크레의 색상은 개체마다 매우 다양하며, 한 개체에서도 여러 가지 색상이 나타나는 것을 볼 수 있다. 매우 옅은 크림에서 매우 어두운 검은색에 이르기까지 다양한 색소를 가지고 있으며, 선명한 색상이 뚜렷하게 대조될수록 바람직하다. 밝은색과 어두운색의 양극단도 인기가 있다.

크레스티드 게코의 색상의 강도와 변화는 '파이어 업(fire up; 가장 밝고 선명하다)' 또는 '파이어 다운(fire down; 가장 칙칙하며 어둡다)'이라는 용어로 묘사되는데, 크레의 기본적인 색상을 말할 때는 파이어 업 상태에서 나타나는 색상을 의미하며, 파이어 업이 되면 가장 밝고 선명한 대비를 이룬다. 크레가 파이어 업될 때 많은 세부적인 요소들이 나타나고 때로는 추가적인 패턴을 확인할 수 있다. 이러한 이유로 매장을 직접 방문하지 않고 온라인 쇼핑몰을 통해 크레를 분양받을 때는 색상을 선택하기가 어려울 수 있으며, 이 부분에 대해 설명해 놓은 것들은 매우 주관적일 수 있다.

모프를 결정하는 것은 패턴이기 때문에 모프에서 색상은 추가 설명자로 볼 수 있으며, 여러 가지 요인에 따라 변화되는 모든 색을 모프에 언급할 필요는 없다. 일부 '디자이너 모프(designer morphs)'에는 개량된 특성이나 색상 구성표를 특정 방식으로 강조 표시할 수 있도록 이름에 색이 포함돼 있다. 크레스티드 게코에서 나타나는 기본색상을 살펴보면 다음과 같다.

■ **벅스킨**(buckskin: 연한 갈색에서 황갈색까지) : 벅스킨은 사전적 의미로 사슴가죽을 뜻하는데, 마치 사슴가죽을 뒤집어쓴 것 같은 색감을 가졌다고 해서 붙여진 명칭이다. 일반적으로 연한 갈색 또는 황갈색을 띠는 개체를 이르며, 짙은 갈색이 나타날 수도 있다. 사육하의 개체에서 나타나는 모든 색상 중에서 야생개체에 가장 가까운 색

상이라 할 수 있으며, 특히 밝은색의 벅스킨 개체는 선택적 번식을 진행할 때 자주 사용된다. 벅스킨은 특히 극단적으로 연한 색의 형태가 색상 돌연변이로 교차될 때 훌륭한 조합이 된다. 이러한 조합이 성공하면 색상을 더욱 증폭시키는 것으로 보인다.

■ **브라운**(brown: 짙은 갈색에서 검은색까지) : 짙은 갈색 또는 초콜릿 색 개체는 매우 이례적인 색상이다. 브라운 색상은 시각적으로 거의 검게 보이며, 브리더들 사이에서 매우 인기가 있다.

1. 벅스킨 크레스티드 게코(Buckskin crested gecko) 2. 초콜릿 크레스티드 게코(Chocolate crested gecko)

■**레드**(red: 밝은 빨간색부터 연어색까지) : 빨간색을 가진 크레스티드 게코는 애호가들에게 인기가 많으며, 그 색이 많이 변하지 않는 경향이 있다. 다른 색상의 경우와 마찬가지로, 짙은 빨간색의 개체와 밝은 빨간색의 개체를 볼 수 있다. 올리브의 경우처럼 레드는 버건디부터 짙은 벽돌색, 스칼렛까지 다양한 색조를 커버한다.

레드는 부화 시 또는 어린 개체로 올바르게 발달하고 파이어 업될 때, 나이가 들수록 눈에 띄게 퇴색하는 특성을 지니고 있다. 분홍색으로 나타나는 일부 크레의 경우 실제로 희미한 색이거나, 나이 든 레드 개체에서 파이어 업되지 않거나, 자연적으로 밝은 빨간색 음영으로 인해 분홍색으로 표시된다. 일부 브리더들이 실제로 이 특정 음영에 대해 선택적으로 번식하기 때문에 핑크가 없는 것은 아니지만, 분양받은 후 색상이 잘못 표시되는 것을 피하기 위해서는 분양 시 해당 브리더를 연구하는 것이 좋다. 타이거(Tiger) 및 브린들(Brindle) 패턴의 특성과 레드를 결합하려는 시도들이 있었지만, 현재까지 레드 타이거 또는 레드 브린들은 없다.

레드(red) 크레스티드 게코

■**오렌지**(orange; 옅은 주황색부터 밝은 주황색까지) : 오렌지 역시 크레스티드 게코 애호가들에게 사랑 받는 색상이다. 연한 주황색과 진한 주황색, 선명한 밝은 주황색에서 옅은 파스텔까지 다양한 색조를 이룬다. 퀄리티와 음영에 따라 나이가 들면서 흐리게(갈색으로 변색) 변하기 시작할 수 있는데, 예를 들어 생생한 오렌지색을 띠다가 몇 년 후 흐릿하게 부서질 수 있다. 올리브와 마찬가지로 인기가 높은 편이지만, 오렌지 자체는 다른 색상과 비교해 일반적으로 번식을 진행하지 않는다.

■**옐로우**(yellow; 겨자색을 포함한 진한 노란색) : 문자 그대로 노란색 크레스티드 게코를 말하며, 밝은 노란색을 띠는 경우도 일반적으로 옐로우라고 표현한다. 부드러운 파스텔/크림부터 선명한 노란색에 이르기까지 다양하게 나타나며, 나이가 들면서 거의 흰색에 가까워질 수 있다. 애호가들에게 매우 인기 있는 색상 중 하나다.

■**올리브**(olive; 크레는 진정한 녹색을 만드는 데 필요한 피부색소가 없다) : 크레는 파란색 색소가 없기 때문에 진정한 녹색(노란색과 파란색이 결합됨)이 발현되는 것은 불가능하며, 실제 녹색으로 보이지는 않지만 올리브그린 형태를 볼 수 있다. 올리브그린(olivegreen)은 노란색과 검은색의 조합으로 좀 더 어

1. 오렌지 크레스티드 게코(Orange crested gecko)
2. 사진의 오렌지 크레스티드 게코는 흰색 돌기가 중간에 끊겨 있다. **3.** 옐로우 크레스티드 게코(Yellow crested gecko) istolethetv/CC BY

두운 색상과 파스텔 색상으로 나타난다. 올리브는 비교적 연한 녹색 및 황색을 띤 갈색부터 진하고 거의 검정에 가까운 색 및 그 사이의 모든 색조에 이르기까지 다양하게 나타난다. 뚜렷한 패턴 특성이 없는 경우 올리브라는 표현은 벅스킨으로 대체될 수 있다.

올리브는 다른 색상의 개체들보다 화려하지 않기 때문에 애호가들 사이에서 선호도가 떨어질 수 있지만, 이미 한 번쯤은 길러봤거나 현재 기르고 있는 사육자들도 꽤 많은 편이다. 상대적으로 추종자들은 적지만, 올리브는 크레스티드 게코 세계에서는 충실한 '고전'이라고 할 수 있다.

■ **라벤더**(lavender; 옅은 회색빛이 나는 푸른색) : 크레스티드 게코와 비교해 좀 더 화려한 게코 도마뱀에 속하는 데이 게코(Day gecko, *Phelsuma spp.*), 일렉트릭 블루 게코(Electric blue gecko or William's dwarf gecko, *Lygodactylus williamsi*)와는 달리, 크레는 파란색을 낼 수 있는 색소가 부족하기 때문에 파란색, 녹색 또는 보라색을 띠는 개체는 거의 볼 수 없다. 현재 확인할 수 있는 녹색에 가장 가까운 색상은 올리브이며, 색상 스펙트럼에서 갈색과 노란색, 청회색(slate-grey)에 더 가까운 색을 띠는 개체를 라벤더(lavender)라고 부른다.

1. 올리브그린 크레스티드 게코(Olivegreen crested gecko)
2. 라벤더 크레스티드 게코(Lavender crested gecko) ©변종식(CrePax, 1~2) 3. 크림 스트라이프(Cream stripe)

패턴리스(Patternless/Solid)

패턴리스는 이름에서 알 수 있듯이, 특정 형질이 나타나지 않고 한 가지 색(단색, solid)을 띠는 개체를 말한다(일부 개체의 경우 포트홀-porthole- 같은 형질을 가지고 있을 수 있으나 이 또한 패턴리스에 포함된다). 우리가 흔히 노멀(nomal)이라고 부르는 것이 바로 이 패턴리스 개체를 이르는 것이며, 앞서 크레의 기본색상을 설명할 때 언급한 모든 색상에 있어서의 단색 개체가 패턴리스에 포함된다. 패턴리스 크레스티드 게코는 이미 확립된 라인(line; 혈통)을 통해 색상을 번식시킬 때 훌륭한 자원이 된다.

현재 완전한 흰색 또는 완전한 검은색 개체는 없다. 밝은 노란색 크림 또는 파이어업되지 않은 연한 빨간색은 '문글로우(moonglows)'라고 표시될 수 있지만, 엄밀히 따지면 순수한 흰색은 아니다. 어둡고 거의 까만색에 가까운 크레스티드 게코도 존재하지만, 일반적으로 패턴이 없거나 머리, 꼬리, 줄무늬 등에 흰색이 없다.

바이컬러(Bicolor)

바이컬러는 두 가지 색상으로 나타나는 개체를 이르며, 패턴리스와 마찬가지로 패턴은 없다. 두 가지 중 한 가지 색상은 머리와 등(head & dosal, 패턴 존 A와 B)에서 나타나며, 옆구리와 다리(leteral & limbs, 패턴 존 C와 D 및 E)는 머리와 등에서 나타나는 색과는 다른 나머지 한 가지 색이 나타난다.

즉 바이컬러 크레는 머리 및 등 쪽, 몸통 및 다리에 각각 다른 두 가지 색상이 나타나는 개체다. 이 두 가지 색상은 서로 완전히 다를 수도 있지만, 종종 동일한 색상이면

1. 패턴리스 크레스티드 게코(Patternless crested gecko) 2. 바이컬러 크레스티드 게코(Bicolor crested gecko) ©변종식(CrePax, 1~2)

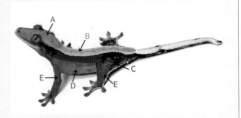
서 톤만 다르게 나타나는 경우도 있을 수 있다. 일반적으로 패턴이 없지만, 등 쪽(머
리 꼭대기와 등)에서 약간 더 어둡거나 더 밝은색이 나타난다. 보통 레드, 오렌지, 올리
브 및 벅스킨에서 볼 수 있다. 일부 바이컬러 크레스티드 게코의 경우 등에 패턴이
나타나기도 하지만, 플레임 모프에서 볼 수 있는 크림(cream)이 부족하다.

바이컬러 모프는 때때로 파이어(Fire)/플레임(Flame) 모프와 혼동되기도 한다. 바이
컬러 형태가 강한 대비를 이루는 경우 색상은 머리 위로 확장되지 않고 여러 개의
V자 모양 패치로 구성되며, V자 모양이 아닌 패치를 가진 개체는 퀄리티(quality)가
떨어지는 쉐브론(Chevron) 모프일 가능성이 크다.

플레임(Flame)/파이어(Fire)

플레임이라는 이름은 불꽃(flame)과 비슷한 모양의 패턴을 보여주는 데서 유래하
며, 새로운 패턴을 보여준 최초의 크레스티드 게코라고 할 수 있다. 밝은색의 머리
와 등 쪽 영역(패턴 존 A와 B)이 등면을 따라 이어지는 옆구리의 선으로 제한돼 다른
어두운색의 스트라이프가 생겼다. 옆구리 및 사지(패턴 존 C와 D, E)는 패턴이 없거나

일반적으로 옆구리 하단부(패턴 존 D) 또는 사지(패턴 존 E) 내에 소량의 패턴을 가졌다. 기본 컬러와 등 부분의 컬러 두 가지 색상이 나타나는 것은 바이컬러와 비슷하지만, 바이컬러와 달리 등쪽에 패턴이 보인다. 옆구리에 패턴이 생기면 할리퀸(Harlequin)이 된다.

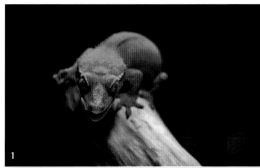

플레임에서 영감을 얻은 많은 번식프로그램이 진행됐는데, 브리더들은 색상을 조합하기 위해 부단한 노력을 기울였으며 최초의 유명인 모프가 탄생했다. 여기에는 할로윈, 크림 및 초콜릿, 블론드가 포함된다. 이러한 유형의 모프는 항상 색상과 관련된 5가지 기본 모프 중 하나에서 분리돼 나온다.

때때로 파이어(Fire)라고 분류되기도 하는 플레임 크레스티드 게코는 머리 부분의 등줄이나 머리 꼭대기에서 꼬리 시작부분까지 뻗어 있는 색깔의 패턴 또는 등줄 패턴을 가지고 있다. 등줄 패턴이 대조도가 높고 뚜렷하게 분할될 수 있다는 점을 제외하면 바이컬러와 거의 비슷하다. 이 색은 몸의 나머지 부분과 다르고 구별된다.

1. 플레임 크레스티드 게코(Flame crested gecko) Florence Ivy.CC BY-ND **2.** 다크 그린 파이어 크레스티드 게코 (Dark green fire crested gecko) **3.** 올리브 파이어 크레스티드 게코(Olive fire crested gecko)

플레임은 어떤 색이든 될 수 있지만, 등이 일반적으로 크림색으로 패턴화되며, 화이트 크림이 더 바람직한 것으로 간주된다. 신체의 나머지 부분은 보통 단색이지

1. 모카 크림 파이어(Mocha and cream fire) 크레스티드 게코 2. 레드 오렌지 파이어(Red and orange fire) 크레스티드 게코 3. 사진의 파이어 크레는 사지의 패턴과 같은 할리퀸 특성도 가지고 있다.

만, 할리퀸과 달리 최소한의 패터닝이 나타날 수 있다. 파이어 모프는 등 색(다소 어두운 마킹이 있는)이 밝으며, 측면의 돌기에 의해 몸통의 나머지 부위와 분리된다. 등 중앙 부위를 형성하는 사지와 몸의 색상은 다소 균일한 어두운색을 띠는 것을 볼 수 있다.

타이거(Tiger)/브린들(Brindle)

타이거는 패턴리스나 바이컬러 모프에 호랑이에서 볼 수 있는 것과 유사한 가느다란 줄무늬 패턴을 나타내는 모프다. 패턴은 옆구리 상단부 또는 하단부에서 시작해 등 쪽을 감싸고 있다.

브린들과 유사하지만, 쭉쭉 뻗은 세로 줄무늬가 있다는 것이 브린들과는 다른 점이다. 즉 줄무늬가 몸을 가로지르고 옆구리를 따라 내려가 호랑이와 같은 줄무늬 패턴을 만드는데, 등을 가르는 선들이 대부분 연결돼 있어야 하고 쪼개진 조각이 아닌 번개모양처럼 쭉 이어져야 타이거라 할 수 있다. 배는 보통 더 밝은색이며 무늬도 나타난다.

줄무늬가 많은 띠로 이뤄졌을 때 종종 브린들(Brindle)로 묘사되는데, 브린들은 등과 옆구리의 무늬가 이어지지 않는다. 얼룩 같은 무늬는 실선과 달리 고르지 않고 옆구리의 무늬가 깨진 유리조각 같은 모습을 띤다. 파이어 업될 때 붉은 색소의 경우 일반적으로 어두운 패턴의 타이거 스트라이프가 중단된다는 사실 때문에 레드 타이거는 다소 드물다. 어둡고 선명한 타이거 스트라이프가 있는 주버나일 이상의 레드 타이거 개체는 아직 보기 힘들다. 옐로우 타이거는 대조도가 높아 가장 인상적인 모습을 나타낸다. 극도로 패턴화된 타이거는 브린들(Brindle), 슈퍼 타이거(Super tiger), 슈퍼 브린들(Super brindle)이라고 부르기도 한다.

브린들 크레스티드 게코는 밝은색의 바탕과 좀 더 어두운 색의 대리석(marbled) 패턴이 나타나는 것이 특징이다. 브린들을 묘사할 때는 밝은 배경색을 먼저 언급하고 어두운 패턴 색을 다음에 표시한다. 예를 들면, 탠 브린들, 브라운 브린들 같은 식이다.

브린들은 유사한 줄무늬 모양으로 인해 때때로 슈퍼 타이거(Super tiger)로 간주되기도 한다. 크레스티드 게코 전문브리더들에 의해 수 년 동안 번식 프로그램이 진행된 결과, 브린들 모프

1. 타이거 크레스티드 게코(Tiger crested gecko) John. CC BY   **2.** 타이거 크레스티드 게코 ©변종식(CrePax)   **3.** 오렌지 러스트 브린들 크레스티드 게코(Orange and rust brindle crested gecko)

는 그동안 알려진 모프 리스트 내에서 독립적인 모프로 확립됐다. 브리더들은 이것을 다음 단계로 끌어 올리고 별개의 훌륭한 사례를 만드는 데 기여했다.

1. 할리퀸 크레스티드 게코의 정석으로 몸과 사지에 화려한 패턴을 볼 수 있다. 2. 파셜 스트라이프(Partial striped) 할리퀸 크레스티드 게코 3. 달마티안 (Dalmatian) 할리퀸 크레스티드 게코

할리퀸(Harlequin)/익스트림 할리 퀸(Extreme harlequin)

몸통과 사지에 얼룩덜룩한 반점이 있는 파이어 모프를 할리퀸이라 한다. 옆구리 하단부에 패턴이 있고, 옆구리 상단부까지는 이어지지 않았다(패턴의 면적도 적다). 할리퀸은 기본적으로 등 바깥쪽으로 좀 더 많은 패턴을 지닌 플레임이라고 할 수 있다. 등뿐만 아니라 옆구리와 다리에도 대조적인 패터닝이 나타나는데, 옆구리와 다리 부분의 색감이 풍부하고 넓게 나타나며 색상대비가 크다는 것이 플레임과의 차이점이다.

할리퀸은 사지를 따라 패터닝이 나타나야 하며, 몸에 패터닝이 최소로 나타날 경우 기술적으로 플레임으로 간주된다. 현재 분양되고 있는 크레스티드 게코 중 가장 많은 수를 차지하는 모프다.

할리퀸은 한때 플레임의 한 유형으로 여겨졌지만(당시에는 개체가 드물었고, 옆구리와 사지에 광범위한 패턴이 있는 플레임처럼 보였다), 개체 수가 증가하고 인기가 높아지면서 자체 모프로 분리됐다. 색상이 고조되고 대조적인 파이어 업 상태의 할리퀸은 시각적으로 대단한 장관을 이루며, 인기가 상당히 많다.

화이트나 크림 패턴이 많은 할리퀸, 특히 몸 패턴이 크림색의 등 부위로 부서지는 것을 익스트림 할리퀸(Extreme harlequin)이라고 한다. 익스트림 할리퀸은 이름에서 알 수 있듯이 패턴이 극단적인 수준으로 나타나며, 할리퀸과 익스트림 할리퀸은 옆구리와 다리 패턴의 양 차이로 구분한다. 옆구리의 경우 패턴의 양이 등까지 근접하며, 등까지 패턴이 차 있거나 이어진다. 옆구리 패턴의 면적도 넓다.

할리퀸과 익스트림 할리퀸의 기준이 명확하지 않기 때문에 애매한 기준선에 있는 개체의 경우 이견이 발생할 수 있다. 익스트림 할리퀸은 패턴이 모든 영역을 채워야 하며, 옆구리 상단부의 패턴은 등 부분과 연결되거나 옆구리 하단부뿐만 아니라 상단부의 3/4 이상을 덮어야 한다.

익스트림 할리퀸 패터닝은 어린 개체에서 타이거로 오인될 수 있다. 성체에서도 헷갈릴 수 있는데, 타이거 패터닝을 가진 밝은 색조의 크레인지 익스트림 할리퀸 패터닝을 가진 어두운 색조의 크레인지 구별하기가 어렵기 때문이다. 트리컬러(tricolor), 할로윈(halloween), 블론드(blonde), 솔리드 백(solid-back) 등을 포함한 많은 추가 번식프로그램이 진행된다.

1. 크라운 할리퀸(Crown harlequin) 크레스티드 게코는 머리 돌기가 두드러지게 발달했다. 2. 스트라이프 할리퀸(Stripe harlequin) 크레스티드 게코 3. 익스트림 할리퀸 크레스티드 게코 ©변종식(CrePax)

디자이너 모프(designer morph)

할리퀸과 플레임에서 색상조합으로 번식된 일부 개체는 특정한 이름을 가지고 있다. 비록 진정한 모프로 간주되지는 않지만, 보통 그 이름으로 불리게 된다. 몇몇 색상과 패턴의 매력적인 조합은 선택적으로 번식됐고, 그들 자신의 이름이 부여됐다. 이러한 모프는 흔히 디자이너 모프(designer morphs)라고 불리는데, 희귀성이 높은 만큼 개체의 분양가 또한 높다. 이러한 모프들 중 많이 선호되는 것은 대표적으로 크림시클(Creamsicle), 문글로우(Moonglow), 블론드(Blonde) 등을 들 수 있다.

■**크림시클**(Creamsicle) : 크림시클은 오렌지 향 얼음을 덮은 바닐라 아이스크림의 이름을 딴 것으로, 전형적인 오렌지 플레임(Orange flame)을 말한다. 크림 패턴이 있는 오렌지 할리퀸(Orange harlequin)도 자격이 있다. 크림시클이란 용어는 때때로 레드와 크림 개체에 적용되지만, 이는 이름이 유래된 '아이스크림'과 기술적으로 일치하지 않는다. 크림시클은 오렌지색의 몸통이 밝고 선명한 오렌지 색상이어야 하고, 등의 패턴은 크림색이어야 한다.

■**문글로우**(Moonglow) : 문글로우는 무늬가 없는 흰색이다. 문글로우 크레스티드 게코는 확실한 마킹 없이 가능한 한 흰색에 가까워야 하며, 채색은 매우 옅다. 아직 알비노(albino)나 루시스틱(leucistic) 개체는 번식되지 않았다. 일부 서적이나 잡지에서 광고하는 순백

1. 크림시클(Creamsicle) 크레스티드 게코 2. 문글로우(Moonglow) 크레스티드 게코 3. 블론드(Blonde) 크레스티드 게코 ©변종식(CrePax, 1~3)

색의 문글로우(Moonglows)는 정확한 색상이 아니며, 흔히 문글로우로 묘사되는 것은 붉은 크림이나 노란 크림일 경우가 많다. 또한, 촬영 시 카메라 플래시가 터지면서 색상이 더욱 바래 흰색으로 보이는 것일 수도 있다.

■ **블론드**(Blonde) : 블론드는 일반적으로 핀스트라이프가 있거나 없는 어두운 플레임이다. 짙은 바탕색은 크림색의 등과 아주 잘 대비된다. 크림 패턴이 있는 다크 할리퀸도 블론드라 칭할 수 있다. 블론드는 갈색 부분이 매우 어두운 초콜릿이어야 하는 다크 브라운 플레임(Dark brown flame)이며, 사실 가능한 한 검은색에 가까워야 한다. 등줄의 무늬는 밝은 크림색이어야 한다.

■ **할로윈**(Halloween) : 할로윈 크레스티드 게코는 짙은 검은색 바탕과 주황색 마킹을 가진 할리퀸이며, 더 어둡고 선명할수록 바람직하다. 블랙 & 골드, 블랙 & 크림 모두 자격이 없다.

■ **모카앤크림**(Mocha and Cream) : 모카앤크림 크레스티드 게코는 일반적으로 크림 마킹을 가진 것으로 약간 갈색에서 탠을 띤다. 완전히 오렌지색도 아니고 완전히 블론드도 아니다. 타이거나 리버스 핀스트라이프 플레임처럼 매우 두드러지며, 상당히 매력적인 외양을 지니고 있다.

■ **크림온크림**(Cream on cream) : 크림색 등을 가진 밝은 컬러의 모프로서 매우 드문 조합이다. 때때로 타이거 플레임으로 보이기도 한다.

위부터 순서대로 - **1.** 할로윈 **2.** 모카앤크림 **3.** 크림온크림 ⓒ변종식(CrePax, 1~3)

03
section

패턴과 결합되는
독립적인 형질들

형질(trait)은 기본적으로 유전적 재료로서 색상, 패턴, 구조 등 유전되고 재현될 수 있는 모든 특성들을 형질이라고 한다. 이들은 모두 지배적이고 열성적이고 독립적인 특징이며, 이러한 특징들이 결합돼 하나의 매력적인 모프를 생산하게 된다. 이번 섹션에서는 여러 가지 모프의 패턴과 결합할 수 있는 몇 가지 독립적인 형질을 다루도록 한다. 크레스티드 게코에서 나타나는 패턴과 결합되는 대표적 형질은 달마티안(Dalmatian), 핀스트라이프(Pinstriped), 스트라이프(Striped), 화이트 프린지(White-fringed), 화이트 스포트(White-spot) 등을 들 수 있다.

달마티안(Dalmatian)

달마티안 크레스티드 게코는 달마티안이라는 견종에서 볼 수 있는 작은 점이 나타나는 특징을 보인다. 달마티안이 애호가들에게 인기가 많아 별도의 모프로 인식하고 있는 경우가 많은데, 색이나 패턴을 가리지 않고 모든 모프에서 나타날 수 있는

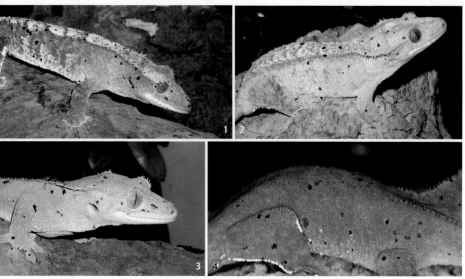

1. 달마티안 크레스티드 게코 개체 **2.** 달마티안 옐로우 크레스티드 게코. 달마티안 형질(검은 점)은 다른 모든 패턴과 결합돼 나타날 수 있다. **3.** 달마티안 형질은 그레이 달마티안 크레스티드 게코의 경우처럼 검은색 이외의 다른 색 점으로도 나타날 수 있다. **4.** 사진의 달마티안 레드 크레스티드 게코는 빨간색 점이 나타난다.

형질로서 독립적으로 계승되고 어떠한 패턴에도 중첩돼 나타날 수 있다. 달마티안은 검은색을 원과 같은 패턴으로 집중시키는 색소의 작은 영역으로 보통 검은색을 띤 수많은 점으로 나타나며, 검은 반점이 있는 크레스티드 게코를 생산하게 된다. 최근에는 옐로우나 오렌지색 점을 가진 달마티안 개체가 생산되고 있다.

반점은 작고 동그란 검은 점부터 큰 패치 형태에 이르기까지 나타날 수 있으며, 그 수는 가볍게 흩어진 것부터 얼룩무늬가 두드러진 것에 이르기까지 다양할 수 있다. 달마티안 반점이 몇 개 있지만 크기가 그다지 크지 않거나 25개 미만인 경우는 달마티안 스포트(Dalmatian-spot)라고 하며, 반점이 100개 이상인 경우 또는 예외적으로 큰 반점을 가지고 있는 경우는 슈퍼 달마티안(Super dalmatian)이라 한다.

달마티안 형질은 지배적인 성질(우성)을 가지고 있어 부모 중 한쪽만 보유하고 있어도 새끼에게 이어진다. 이 형질은 다른 혈통으로 쉽게 전달되고, 실제로 일부 모프의 모양을 망칠 수 있기 때문에 이 형질로 번식프로그램을 시도할 때는 주의해야 한다. 반점은 크기와 색깔이 다양할 수 있는데, 검은 반점이 가장 흔하고 적색, 녹색, 심지어 흰색 반점이 특정 개체에서 나타나기도 한다. 일부 개체의 경우 점이 빨간색이거나 빨간색과 검정색의 조합으로 나타날 수 있다. 달마티안 반점은 어떤 색깔이나 형태에도 나타날 수 있지만, 별다른 무늬가 없는 달마티안이 선호된다.

핀스트라이프(Pinstriped)

핀스트라이프는 게코 전문 브리더인 앨런 레퍼시(Allen Repashy)가 개발한 특성으로 다소 논쟁의 여지가 있었지만, 요즘에는 일반적으로 '구조적 형질(structure trait)'로 받아들여진다. 전형적인 핀스트라이프는 짧은 비늘이 돌기처럼 솟아오른 것(pinstiping)을 말하며, 이것이 등 부위의 양측면을 따라 내려가고 꼬리 시작부분에 연결된다. 측면 돌기 아래를 보면 등줄기 경계를 따라 다육질의 피부가 지지하고 있는 모습을 관찰할 수 있다. 등의 나머지 부분에는 플레임 패턴이 있거나 핀스트라이핑과 일치하는 솔리드 크림이 나타날 수 있는데, 비늘이 크림색으로 강조 표시되면 '크림 핀스트라이프(Cream pinstriped)'라고 더 정확하게 설명할 수 있다.

핀스트라이프는 얇은 흰색 줄이 몸통의 돌기를 따라 이어지다가 골반 지점에서 V자를 형성하는 플레임 또는 할리퀸 모프다. 핀스트라이프는 하나의 독립된 특징으로 간주되는 반면 모프는 일반적으로 플레임, 타이거, 할리퀸과 같은 형질 또는 특정한 외형의 그룹이지만, 보통 쉽게 모프로 취급된다. 대부분의 핀스트라이프는 플레임이나 할리퀸이지만, 드물게 타이거 핀스트라이프가 있다.

■ **대시 핀스트라이프**(Dashed pinstriped) : 핀스트라이핑이 50% 미만일 때 대시 핀스트라이프라 하며, 등 아래쪽으로 스트라이프가 여러 군데 끊어져 있는 것을 볼 수 있다. 등의 양측에 같은 위치에서 여러 번 파열돼 점선으로 보인다.

■ **파셜 핀스트라이프**(Partial pinstriped) : 줄무늬가 깨진 핀스트라이프를 파셜 핀스트라이프라고 하며, 50~99% 범위의 핀스트라이핑을 나타내는 경우를 이른다. 50%와

75% 사이의 핀스트라이핑을 나타내는 경우 로우퍼센트(low-%)로 간주되고, 75~99%는 하이퍼센트(high-%)로 간주된다. 로우와 하이의 범위를 구분하는 기준은 애매하기 때문에 이를 판단하는 것은 매우 주관적이라고 볼 수 있겠다.

풀 핀스트라이프를 기준으로 스트라이핑의 한쪽 면에 다른 쪽에서 온 조각이 가득 찰 때까지 채워 넣어보면 50% 고정될 것이다. 그리고 나머지와 그것이 반대편 핀스트라이프로 얼마나 채워질지 가정해 보고, 만약 그것이 등길이의 절반 이상을 넘으면 하이퍼센트가 될 것이고 등의 절반 이하에 도달하면 로우퍼센트가 된다.

■**풀 핀스트라이프**(Full pinstriped) : 중간에 돌기가 끊기는 부분이 없으면 풀 핀스트라이프(100% 핀스트라이프)라고 부른다. 등 쪽의 돌기는 흰색이나 크림색으로 강조되는 경향이 있고, 등의 색깔과 패턴 주위에 플레임을 만들게 된다. 일반적으로 할리퀸이나 플레임 모프와 결합되지만, 다른 어떠한 모프에서도 잠재적으로 나타날 수 있다.

1. 대시 핀스트라이프(Dashed pinstriped)
2. 파셜 핀스트라이프(Partial pinstriped)
3. 풀 핀스트라이프 ©변종식(CrePax 1~3)

풀 핀스트라이프로 간주되려면 길쭉한 비늘이 등에서 양쪽으로 완전히 끊어지지 않은 선을 형성해야 하며, 목에서 꼬리의 밑부분까지 연장돼야 한다. 하나의 비늘이 길어지거나 강조 표시되지 않으면 이는 하이퍼센트 핀스트라이프로 간주되며, 풀 핀스트라이프 레이블을 적용할 수 없다. 또한, 풀 핀스트라이프는 다른 패턴을 표시할 수 있으며, 그 설명에서 상기 패턴에 대한 정의가 해당되거나 해당되지 않을 수 있다. 풀 핀스트라이프는 파셜 핀스트라이프보다 바람직하다.

대시, 파설, 풀 핀스트라이프는 편의상 클래식 핀스트라이프(Classic pinstriped)로 분류할 수 있으며, 클래식 핀스트라이프의 변형된 형질은 리버스 핀스트라이프 (Reverse pinstripe) 및 팬텀 핀스트라이프(Pantom pinstripe)를 들 수 있다.

■**리버스 핀스트라이프**(Reverse pinstriped) : 리버스 핀스트라이프는 파이어 업될 때 보이는 핀스트라이프로, 실제로 구조적 패턴이 아닌 채색 패턴이다. 어두운 줄무늬는 측면의 맨 위를 따라 보이지만, 등 또는 핀스트라이프 비늘 바로 아래에 표시된다. 일반적으로 핀스트라이프는 등쪽의 양 측면을 따라 늘어선 비늘 패턴이고, 리버스 핀스트라이프는 전형적인 핀스트라이프가 있는 등비늘 밑의 어두운 선이다.

이는 완전한 고전적인 핀스트라이프와 결합해 놀라운 효과를 낼 수 있다. 등마루 아래로 흐르는 음영과 거의 같은 어두운색 밴드가 나타나기 때문에 일반적인 핀스트라이프처럼 흰색보다는 두 개의 어두운 밴드가 등을 장식한다. 컬러 및 패턴의 두드러지는 구조적 차이는 없다.

■**팬텀 핀스트라이프**(Pantom pinstripe) : 팬텀 핀스트라이프는 등 부위에 일반적으로 음영이 나타나는 색의 비늘을 가지며, 종종 리버스 핀스트라이프 특성을 가진 개체에서 볼 수 있다. 팬텀 핀스트라이프는 앞서 언급한 특성과 같이 전체, 부분 또는 점선으로 나타날 수 있으며, 핀스트라이핑이 나타나지만 등 부위에 흰색/크림이 없는 경우를 말한다. 전형적인 플레임 등은 신체의 다른 부분과 비슷하다. 흔히 나머지 부분은 색상 면에서도 다소 흐려지는데, 일반적으로 고대비가 아니다.

그러나 이것이 정의된 특징은 아니며, 가장 바람직한 조합은 흰색 핀스트라이핑을 유지하는 흐린 색 등의 영역이다. 그 효과는 매우 인상적인 밝은 흰색 핀스트라이프 외곽선을 제외하고는 일반적으로 절제된다. 이는 또한 리버스 핀스트라이프와 결합될 수 있으며, 때때로 리버스 핀스트라이프의 반대쪽을 표시하는 크레를 갖게 된다. 등에는 영역 전체에 어두운 선이 있다. 일부 사육자들은 팬텀 핀스트라이프를 리버스 핀스트라이프라고 불렀지만 일반적인 것은 아니다.

이 특징을 가지고 번식하는 브리더는 아마도 더 화려하고 눈에 띄는 것을 생각해 냈을 것이고, 따라서 클래식 핀스트라이프나 팬텀 핀스트라이프 둘 중 하나에서 리버스로 표시할 수 있었을 것이다. 아래 가로줄무늬와 결합하면 다양한 색상을 가진 크레스티드 게코가 나온다.

이상적인 팬텀 핀스트라이프는 크림으로 강조 표시된 핀스트라이프가 있는 패턴리스 모프다. 일반적으로 핀스트라이프는 옆구리 하단부에 패턴을 포함하지만, 팬텀 핀스트라이프는 포함하지 않는다. 패턴에 대한 흔적이 있을 수 있는데, 옅게 나타나거나 한때 있었던 것처럼 보이지만 현재는 기본 패턴의 어두운 음영에만 존재할 수 있다. 밝은 색상은 핀스트라이프 비늘에서 볼 수 있지만, 등에서는 찾을 수 없다는 것을 이해하는 것이 중요하다.

1. 리버스 핀스트라이프(Reverse pinstriped)
2. 팬텀 핀스트라이프(Pantom pinstripe)
3. 쿼드 핀스트라이프(Quad pinstripe) ©변종식(CrePax 1~3)

■**쿼드 핀스트라이프**(Quad pinstripe) : 쿼드 핀스트라이프는 풀 핀스트라이프(Full pinstriped)뿐만 아니라 레터럴 스트라이프(Lateral stripe)를 갖는 경우를 말하며, 옆구리 상단부와 하단부 사이의 돌기 측면에 존재한다. '사이드 번(sideburns)'이라고도 한다. 일반적으로 앞다리 주위에서 뒷다리까지 뻗어 있으며, 등의 핀스트라이프만큼 많이 올라간다. 쿼드 핀스트라이프는 표준 핀스트라이프 패턴 또는 구조를 가지며, 몸체의 아래쪽 측면 상단에 잘 정의된 두 개의 선이 추가된다. 이러한 측면 스트라이프는 크레의 앞다리와 뒷다리 사이의 대부분의 영역을 연속적인 선으로 확장시켜야 한다.

스트라이프(Striped)

스트라이프는 핀스트라이프의 변형으로, 측면 돌기 아래 등줄기 경계선과 옆구리 중간 부분에 피부가 돌출된 것이 특징이다. 몸의 패턴은 자라면서 직선 모양으로 변한다(예를 들면, 옆구리에 난 점들이 얇게 늘어난다). 핀스트라이프와는 달리 스트라이프의 경우 흰색 줄이 중간에 끊겨도 상관없다.

일부 크레스티드 게코는 한 줄로 늘어선 흰반점이나 패치를 가지고 있는데, 대개는 서너 개 정도 된다. 일부 개체에서는 이러한 패치가 더 가늘고 길게 이어지거나, 심지어 스트라이프를 형성해 레터럴 스트라이프(Lateral stripe)라는 용어를 사용한다. 레터럴 스트라이프는 몸통의 측면을 따라 나타나는 스트라이프를 말하며, 일반적으로 클래식 핀스트라이프에서 확인할 수 있다.

이 4개의 스트라이프(쿼드 스트라이프) 크레가 점점 인기를 얻고 있으며, 포트홀(porthole)을 닮은 희미한 대시(dashes)에서부터 몸 전체에 걸쳐 완전한 스트라이프까지 다양하게 나타난다. 일부는 이 특성을 슈퍼 스트라이프(Super stripe)라고 부르는데, 보통 배의 중간 아래쪽에 검은 줄무늬가 있는 것(몸 전체를 따라 5줄의 줄무늬를 만들어 내는 경우)을 슈퍼 스트라이프(Super striped)로 간주한다.

1. 사진의 스트라이프 개체는 몸 패턴이 가늘고 길어지는 경향이 분명하게 드러난다. 2. 사진의 스트라이프는 패턴이 독특하게 나타난다. 3. 훌륭한 스트라이프(Striped) 크레스티드 게코 4. 오렌지 달마티안(Orange dalmatian) 스트라이프 크레스티드 게코

화이트 프린지(White-fringed)

또 다른 독립적인 형질로, 허벅지를 따라 늘어선 흰색 밴드가 특징이다. 익스트림(extreme) 형태의 경우 항문 뒤 꼬리 시작부분과 정강이에도 흰색 줄이 나타날 수 있다. 프린지는 뒷다리 뒤쪽 가장자리를 따라 흐르는 흰색(혹은 크림빛 노란색) 선을 말하는데, 때로는 무릎에도 흰 패치가 나타난다. 이것은 원래의 눈부심 없는 화이트-니(white knee)의 특징을 가지고 있으며, 화이트 프린지의 더 극단적인 발전 형태로 간주한다.

1. 정강이에 있는 흰색 패턴이 화이트 프린지(White-fringed) 특성과 이어진다. 2. 화이트 스포트 형질은 옆구리를 따라 이어지는 커다란 흰색 점이 특징이다.

화이트 스포트(White-spot)

화이트 스포트는 화이트 프린지 형질과 이어질 수 있으며, 옆구리에 흰색 반점이 늘어서 있는 것이 특징이다. 나이가 들면서 희미해질 때가 많지만, 가끔 꽤 큰 흰색 점이 남아 있는 개체도 볼 수 있다. 포트홀(Portholes)은 사육하에서 번식이 시작된 이래로 크레스티드 게코에서 흔하게 볼 수 있는 작은 화이트 스포트다.

크레의 발가락, 가슴, 배 또는 코에서 보이는 흰 반점의 작은 조각은 흰색에 대한 유전적 특성이 아니라 단지 인큐베이팅 중에 색소침착이 미완성된 결과일 수 있다. 이는 화이트 포트홀(white portholes)이 일부 크레에서 유일한 백색 반점인 이유일 수 있다. 크레스티드 게코에 있어서 새로운 특징 중 하나는 일반적으로 등 부위에 밀집돼 있는 좀 더 큰 흰색 반점이며, 등 부분은 화이트 스포트가 크레의 몸 아래로 떨어지는 것처럼 보인다. 방울이 떨어지는 듯한 느낌을 나타내는 화이트 스포트의 특징이 형질 또는 모프로서 더욱 발달할 수 있을 것이다.

쉐브론(Chevron)

군복의 갈매기형(chevron) 견장처럼 등을 따라 이어지는 밝은 얼룩이 특징인 쉐브론은 등에 V자 모양의 패턴이 계단 모양으로 나타나는 플레임이다. 쉐브론이라는 용어는 오늘날 덜 사용되지만, 여전히 이 등 패턴을 설명할 수 있는 단어다. 타이거 플레임이 가능하지만 일반적으로 드물다. 주버나일 때 플레임의 타이거 스트라이프는 나이가 들면 사라진다.

1. 등을 따라 이어지는 밝은 얼룩이 특징인 쉐브론 크레스티드 게코(Chevron crested gecko) **2.** 넓은 머리와 피부 주름에 의해 주변을 둘러싼 돌기가 잘 발달한 크라운 크레스티드 게코(Crowned crested gecko)

크라운(Crowned)

구조적인 모프를 생산하기 위해 선택적 번식에 사용되는 신체적 특성들이 있으며, 퀄리티가 높은 크레 개체에는 색상 이상의 독특한 특징이 나타난다. 보통 솔리드 몸통에 굵은 돌기를 가진 크고 넓은 머리를 선호하는데, 넓은 머리와 피부 주름에 의해 주변을 둘러싼 돌기가 잘 발달한 크레를 크라운(crowned)이라고 부른다. 크라운은 보통보다 폭이 넓은 머리를 가지고 있고, 머리 위의 돌기는 약간 아래로 떨어지는 두툼한 덮개 위에 받쳐져 있다. 좋은 구조에 대한 최근의 이론은 길고 시원한 인큐베이션 기간에서 나온다는 것이다. 유전학도 물론 역할을 하겠지만, 브리더들은 시원한 환경과 훌륭한 머리구조와의 연관성을 지속적으로 발견해 왔다.

기타

핀스트라이프 영역 내에 있지 않은 엄청난 양의 돌기가 있는 것을 퍼(Furred)라고 한다. 퍼는 거의 털북숭이처럼 보이는 돌기 비늘이 확장돼 있으며, 이 돌기는 꼬리

시작부분까지 뻗어 있다. 등 부위에서 과도하게 발달하는 경향이 있으며, 다양한 영역에 나타난다. 많은 경우 궁극적인 핀스트라이프는 솔리드 크림백(Cream back)을 가진 풀 피너(full pinner)다. 크림백은 등 부위에 전형적인 쉐브론이나 다른 표식에 의해 손상되지 않은 두꺼운 크림을 선보이며 놀라움을 자아낸다.

블러싱(Blushing)은 매우 미묘하고 독특하지만 아름다운 특성으로, 돌기가 아래턱 바로 밑에 영향을 미친다. 블러싱이 발생하면 이 영역이 밝은 분홍빛/빨간색이 되고 어떤 형태로든 발전할 수 있다. 포트홀(Porthole)은 레터럴 핀스트라이핑과 마찬가지로, 옆구리 상단부와 하단부 사이에서 오른쪽으로 몸통의 측면에 3개의 흰색 원 모양으로 나타난다. 포트홀은 영어에서 배의 둥근 창을 뜻하는 단어다.

니캡(Knee cap)은 뒷다리에 흰색의 무릎 캡이 나타나는 경우를 말한다. 일부 개체에서는 밝은 흰색 니패드와 연결된 무릎 부위까지 화이트 프린지가 나타난다. 화이트 월(White walls)은 옆구리(상단부와 하단부) 영역이 화이트 월 색상으로 압도돼

1. 사진의 크레스티드 게코 새끼에서 관찰할 수 있는 유난히 큰 눈과 같은 일부 형태학적 특성은 결함으로 간주하며, 사육하의 그룹에서 이종번식됐을 가능성이 크다.   2. 사진의 비디드(Beaded) 크레스티드 게코는 비늘의 수는 적지만 크기는 더 큰 것이 특징이다.   3. 비디드 형질은 주버나일 때 나타난다.

베이스와 패턴 색상의 형질을 완전히 이어받은 것이다. 이 형질은 매트 파크(Matt Parks)에 의해 완성됐으며, 현재 어느 정도 대중적인 특성이 된 상태다.

라코닥틸루스속의
여러 종

크레스티드 게코가 속해 있던 라코닥틸루스속
의 여러 가지 종들에 대해 간략하게 살펴 보고
사육 시 주의해야 할 사항에 대해 알아본다

라코닥틸루스속의
여러 종

크레스티드 게코를 이미 사육하고 있고 추가로 들일 개체를 찾는 애호가라면, 라코닥틸루스속의 게코 종으로 눈길을 돌려봐도 좋겠다. 외형은 크레스티드 게코와 현저하게 다르지만, 일반적으로 요구사항이 비슷해 사육이 어렵지 않을 것이다. 우툴두툴한 머리가 특징인 중간 크기의 가고일 게코(Gargoyle gecko, *Rhacodactylus auriculatus*)부터, 현존하는 도마뱀 중 가장 큰 자이언트 게코인 뉴칼레도니안 자이언트 게코(New Caledonian giant gecko, *Rhacodactylus leachianus*)까지 다양한 선택지가 있다. 자이언트 태생의 러프 스나우티드 자이언트 게코(Rough-snouted giant gecko, *Rhacodactylus trachyrhynchus*)를 제외한 모든 라코닥틸루스속의 게코는 현재 사육하에서 활발하게 번식이 이뤄지고 있으며, 쉽게 구할 수 있는 게코 종이다. [1]

---

1   이 책이 쓰인 당시-2005년-에는 크레스티드 게코가 라코닥틸루스 킬리아투스-*R. ciliatus*, Crested gecko-로 분류돼 있었으나, 이후 코렐로푸스 킬리아투스-*Correlopus ciliatus*-로 재분류돼 현재에 이른다. 크레스티드 게코가 비교적 최근까지 속해 있던 라코닥틸루스속에 대해 알아두는 것도 도움이 될 것으로 판단해 참고자료로 활용할 수 있도록 원서의 관련 내용을 그대로 옮겨 싣는다. - 편집자 주

라코닥틸루스 아우리쿨라투스

가고일 게코(Gargoyle gecko, *Rhacodac-tylus auriculatus*)는 라코닥틸루스속에 속하는 종들 중에서 두 번째(크레가 속했을 당시)로 인기가 많은 종이다. 성체 기준으로 크레보다 무거우나 비슷한 환경에서 사육할 수 있다. 어린 가고일 게코는 크레에 비해 공격적이고 카니발리즘 성향이 강하다. 굶주린 새끼는 더 작은 개체의 꼬리나 발가락을 잘라 먹으며, 크기 차이가 심하게 나면 아예 통째로 잡아먹을 수도 있다. 이러한 이유로 가고일 게코는 성적 발현 전까지 단독으로 사육하는 것이 바람직하다.

가고일 게코는 패턴과 색이 다양하게 나타나며, 그중 네온 레드(Neon red), 오렌지 블로치(Orange blotche), 스트라이

1. 가고일 게코(Gargoyle gecko)의 스트라이프(Striped) 모프   2. 가고일 게코의 얼룩덜룩한 모프

프(Stripe) 개체가 아름답다. 이들 개체는 새로운 모프를 만들 수 있는 가능성이 크다. 적당한 크기, 순한 성격, 독특한 외모와 질병에 잘 걸리지 않는다는 장점을 지니고 있어 반려도마뱀으로 인기가 매우 높으며, 크레스티드 게코와 마찬가지로 비바리움에서 사육하면 자연미와 잘 어우러지는 모습을 볼 수 있다.

라코닥틸루스 레아키아누스

현존하는 가장 큰 게코는 뉴칼레도니아의 그랑드테르 자이언트 게코(Grande Terre giant gecko, *R. leachianus leachianus*)다. C타입(여러 모프 중 하나)의 경우 SVL(주둥이에서 항문까지의 길이)이 33cm, 전체 길이는 43cm에 달하며 무게는 450g까지 나간다. 가장

1. 가장 쉽게 구할 수 있는 A타입 그랑드테르 자이언트 게코(Grande Terre giant gecko) **2.** 그랑드테르 자이언트 게코(A타입)는 좀 더 작은 헨켈 자이언트 게코와 비교했을 때 몸이 더 크고 주둥이 비늘이 균일하다는 차이가 있다. 그랑드테르 게코를 근접 촬영한 사진이다.

쉽게 구할 수 있는 그랑드테르 자이언트 게코는 A타입으로 SVL은 25cm, 전체 길이 38cm, 무게는 400g 정도 나간다. 그랑드테르 자이언트 게코(A타입)와 그보다 좀 더 작은 헨켈 자이언트 게코(Henkel's gi-ant gecko, R. leachianus henkeli)의 뚜렷한 차이점은, 그랑드테르 자이언트 게코의 경우 주둥이 비늘이 훨씬 크고 크기가 균일하다는 것이며, 개체마다 다르지만 보통 꼬리도 조금 더 길다. 또한, 성성숙에 도달하는 데 생후 3~5년이 소요되며, 현재 사육하에 있는 개체는 소수다. 라코닥틸루스 레아키아누스의 아종으로는 라코닥틸루스 헨켈리(R. leachianus henkeli, Henkel's giant gecko)를 들 수 있는데, 파인섬과 주변 군도에서 헨켈 자이언트 게코의 다양한 모프를 찾을 수 있다. 전체 몸길이는 대략 30cm 정도로 그랑드테르 자이언트 게코보다 작지만, 일반적으로 패턴이 더 화려하고 매력적이다.

헨켈 자이언트 게코의 경우 인기가 많은 모프들 중 최소 6가지는 사육하에서 쉽게 구할 수 있으며, 희귀한 모프는 누아나(Nuu Ana)의 작은 섬에서 유래한다. 헨켈 자이언트 게코는 지금까지 발견된 라코닥틸루스 레아키아누스 중 가장 작지만, 제일 화려하다. 보통 체중이 많이 나가고, 검은색 바탕에 대비가 강하고 선명하며 우툴두툴한 흰색 반점이 나타나는 것이 특징이다. 파충류 애호가들은 이종교배를 통해 헨켈 자이언트 게코의 매력적인 모프를 개발하기 위해 꾸준히 노력하고 있다.

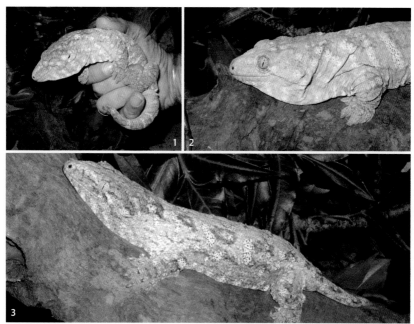

1. 헨켈 자이언트 게코(Henkel's gi-ant gecko, *R. leachianus henkeli*)는 아름다운 패턴이 특징이다. **2.** 누아나(Nuu Ana)와 누아미(Nuu Ami) 사이에서 태어난 암컷 개체. 커다란 흰색 반점과 어우러진 밝은 색조가 특이하다. 이 개체는 부모보다 더 크게 자랐다. **3.** 누아나의 작은 섬에서 온 희귀한 모프의 헨켈 자이언트 게코

라코닥틸루스 카호우아

라코닥틸루스 카호우아(*R. chahoua*, Mossy New Caledonian gecko; 소위 차화라고 부르는 종)는 뉴칼레도니아 게코 중에서 반응이 가장 좋은 종이다. 라코닥틸루스속 내에서 세 번째로 큰 종으로, SVL이 14.6cm에 전체 길이는 25cm에 이른다. 얌전한 성격, 이끼가 낀 듯한 복잡한 패턴, 큰 황금색 눈에 그물 모양의 특이한 노란색 홍채 덕분에 게코 애호가들에게 인기가 많은 편이다. 뉴칼레도니아의 주요 섬인 그랑드테르와 파인섬에서 발견된다. 초콜릿 브라운 및 탠부터 그린, 밝은 레드, 파스텔 오렌지까지 다양한 패턴과 색이 혼합돼 나타난다. 일부 개체의 경우 어깨에 밝은 흰색 반점을 볼 수 있는데, 현재 이러한 특성의 유전법칙을 알아내기 위한 연구가 진행 중이다. 주버나일 때 나타난 어깨의 흰색 반점은 성체가 되면서 대부분 사라진다.

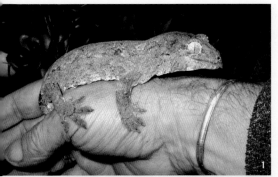

사육방법은 크레스티드 게코와 비슷하다. 코르크바크와 두꺼운 유목으로 활동영역을 만들어 주는 것이 좋으며, 보통 잎사귀에 잘 올라가지 않는다. 비바리움에서 사육하면 낮에 잘 보이는 공간에서 시간을 보내므로 기르고 관찰하는 재미가 좋다. 많은 개체가 잘 길들여진다.

라코닥틸루스 트라키르힌쿠스

일부 게코 종은 새끼를 낳는다. 이 중 크기가 가장 큰 종은 그랜드테르 자이언트 태생 게코인 라코닥틸루스 트라키르힌쿠스(*R. trachyrhynchus trachyrhynchu*, Rough-snouted giant gecko)로서, 라코닥틸루스속 전체에서 레아키아누스 다음으로 크기가 크다.

이 종은 수상성(tree-dweller)으로서 추적과 포획이 어렵고, 사육하에 있는 개체는 얼마 되지 않는다. 긴 세대시간과 낮은 번식률로 인해 파충류 사육계에서 가장 비싼 도마뱀으로 유명하다. 성성숙에 도달하는 데 3년 이상이 소요되며, 일 년에 두 마리만 새끼를 낳는데 새끼는 다른 종에 비해 덩치가 큰 편이다.

1. 라코닥틸루스 카호우아는 뉴칼레도니아 게코 중 가장 반응이 좋다. 2. 라코닥틸루스 카호우아 중 일부는 사진의 수컷 성체처럼 어깨에 크고 밝은 흰색 반점이 있다. 카호우아는 크레스티드 게코와 유사한 환경에서 기를 수 있으며, 코르크바크와 두꺼운 유목을 넣어 활동영역을 만들어 주면 좋아한다. 3. 그랜드테르 자이언트 태생 게코인 라코닥틸루스 트라키르힌쿠스는 추적과 채집이 까다롭다.

이들은 행동이 굉장히 기민하며, 아주 친밀한 성격을 가지고 있다. 자이언트 태생 게코의 또 다른 아종으로는 라코닥틸루스 트라키르힌쿠스 트라키케팔루스(*R. trachyrhynchus trachycephalus*)가 있는데, 파인섬 근처의 작은 섬에 서식하는 희귀한 종으로 심각한 멸종위기에 처한 도마뱀 중 하나다.

코렐로푸스 사라시노룸

코렐로푸스 사라시노룸(*Correlophus sarasinorum*, Sarasins' giant gecko) 역시 희귀한 게코로 그랑드테르 남쪽에 극소수만 서식한다. 처음 기를 때는 라코닥틸루스속에 속한 종들과 비교했을 때 매우 까다로운 개체지만, 시간이 지나면서 길들여지고 굉장히

1. 코렐로푸스 사라시노룸(*Correlophus sarasinorum*)은 시간이 지나면서 굉장히 멋진 반려파충류가 된다. **2.** 코렐로푸스 사라시노룸의 희귀한 오렌지 브린들 모프

좋은 반려동물이 될 수 있다. 사육장에 식물과 올라탈 수 있는 지지대를 세팅해 주면 개방된 공간에서 많은 시간을 보내므로 관찰의 즐거움을 느낄 수 있다. 글을 쓰는 현재 사육하에서 생산되는 개체는 얼마 되지 않지만, 점점 늘어나는 애호가들이 이 게코의 진가를 인정하고 있기 때문에 이러한 상황은 달라질 것으로 보인다.

라코닥틸루스속의 모든 종과 마찬가지로, 코렐로푸스 사라시노룸은 색과 패턴에 약간의 차이가 있다. 희귀한 모프 중 하나는 목에 흰색 목걸이처럼 보이는 무늬가 있으며, 몸에는 다양한 크기의 흰색 반점이 있다. 새롭고 다채로운 모프를 선택적으로 번식하기 위한 번식프로그램에 사용하면 좋은 성과를 거둘 수 있다.

라코닥틸루스(*Racodactylus*)의 분류학적 특성

라코닥틸루스속에는 라코닥틸루스 아우리쿨라투스(*Rhacodactylus auriculatus*, Gargoyle gecko), 라코닥틸루스 카호우아(*R. chahoua*, Bavay's giant gecko 또는 Mossy prehensile-tailed gecko), 라코닥틸루스 레키아누스(*R. leachianus*, Ggiant gecko), 라코닥틸루스 트라키르힌쿠스(*R. trachyrhynchus*, Rough-snouted gecko) 등 총 4종이 속해 있다. 참고로 이전에는 라코닥틸루스 킬리아투스(*R. ciliatus*, Crested gecko)와 라코닥틸루스 사라시노룸(*R. sarasinorum*, Roux's giant gecko 또는 Slender prehensile-tailed gecko)을 포함해 총 6종이 속해 있었으나 2012년 킬리아투스와 사라시노룸이 코렐로푸스속(*Correlophus*)으로 재분류됨에 따라 현재는 4종만 포함된다.

라코닥틸루스속(*Rhacodactylus*)의 일부 구성원은 종종 '자이언트 게코(Giant gecko)'라고 부르기도 하는데, 가장 큰 종인 라코닥틸루스 레키아누스는 현존하는 게코 종 중에서도 가장 크며, 총길이 43cm까지 성장할 수 있다. 두 번째로 큰 종인 라코닥틸루스 트라키르힌쿠스는 약 33cm까지 자라며, 라코닥틸루스속의 나머지 종은 평균 20.3~25.4cm에 도달한다. 뉴질랜드 토착종인 호플로닥틸루스 델코우르티(*Hoplodactylus delcourti*, 총길이가 최소 50.8cm까지 자랐다)가 현재 가장 큰 게코 종으로 여겨지는 라코닥틸루스 레키아누스보다 더 큰데, 아직 살아 있을 가능성이 있기는 하지만 살아 있는 개체가 더 발견되지 않는 한 현재까지는 멸종된 것으로 추정된다.

라코닥틸루스속의 모든 구성원은 뉴칼레도니아에서만 발견되며, 크기의 차이를 제외하고 각 종의 외양은 모두 다르다. 공통적으로 가지고 있는 독특한 특징 중 하나는 발가락 밑면에서 발견되는 것과 유사한, 꼬리 끝 밑면에 있는 납작한 접착성 패드(일련의 미세한 융선)다. 이 패드는 물건을 잡을 수 있는 꼬리와 함께 라코닥틸루스가 식물 사이를 이동하는 것을 돕는 기능을 한다. 라코닥틸루스에 적용되는 또 다른 일반적인 이름은 프리헨사일 테일 게코(Prehensile-tailed geckos)인데, 위와 같은 특징을 이유로 자이언트 게코라는 이름보다 적합하다고 볼 수 있다.

라코닥틸루스속의 모든 종은 식물과 동물을 먹는 잡식성 동물이다. 곤충, 거미, 달팽이, 작은 도마뱀, 새, 설치류를 포함해 포획할 수 있는 거의 모든 동물을 먹는다. 어떤 종은 카니발리즘의 성향을 보일 수도 있으며, 같은 종의 어리고 작은 개체를 잡아먹는다. 과일, 꽃과 꽃가루도 섭취하며, 크레스티드 게코는 특정 식물에 대한 수분매개자 역할을 하는 것으로 추정되고 있다.

라코닥틸루스속에 속하는 4종 중 3종이 난생(킬리아투스와 사라시노룸 포함)으로 번식하는 반면, 트라키르힌쿠스 1종은 새끼를 낳는 태생이라는 점에서 특이한 면을 보인다. 모든 난생종은 보통 클러치당 2개의 알을 낳고, 트라키르힌쿠스는 한 번에 2마리의 새끼를 낳는다. 모든 종이 수상성이며, 삶의 대부분을 나무 위에서 보낸다. 몇몇 종이 숲속의 같은 영역을 차지할 수도 있지만, 나무의 여러 층에서 자주 볼 수 있다. 레키아누스와 트라키르힌쿠스는 열대우림의 캐노피를 선호하는 반면, 카호우아(킬리아투스와 사라시노룸 포함) 등은 나무의 중간층을 선호하는 경향이 있다. 아우리쿨라투스는 열대우림에서 가끔 발견될 수 있지만, 건조한 개방형 삼림지대 또는 관목지대 서식지의 낮은 식물에서 발견될 가능성이 더 크다.